7,90 € 15·XI·2024

Darwin gegen Gott

Frank Fabian

Darwin gegen Gott

Wie der Mensch vor Millionen Jahren entstand

Bassermann

ISBN 978-3-8094-4900-3

1. Auflage
© 2024 by Bassermann Verlag, einem Unternehmen der
Penguin Random House Verlagsgruppe GmbH,
Neumarkter Straße 28, 81673 München

Jegliche Verwertung der Texte und Bilder, auch auszugsweise,
ist ohne die Zustimmung des Verlags urheberrechtswidrig und strafbar.

Projektleitung dieser Ausgabe: Martha Sprenger
Umschlaggestaltung: Atelier Versen, Bad Aibling
Bildredaktion: Sabine Kestler
Bildnachweis: Interfoto: U1 (fine art images)
Adobe Stock: U1 (zephyr_p), 40 (Xavier), 116 (amit),
136 (BosPhoto), 145 (Katikam)
Layout und Satz: GGP Media GmbH, Pößneck
Herstellung: Franziska Polenz

Der Verlag behält sich die Verwertung der urheberrechtlich
geschützten Inhalte dieses Werkes für Zwecke des Text- und
Data-Minings nach § 44 b UrhG ausdrücklich vor.
Jegliche unbefugte Nutzung ist hiermit ausgeschlossen.

Sollte diese Publikation Links auf Webseiten Dritter enthalten, so übernehmen wir für deren Inhalte keine Haftung, da wir uns diese nicht zu eigen machen, sondern lediglich auf deren Stand zum Zeitpunkt der Erstveröffentlichung verweisen.

Die Informationen in diesem Buch sind vom Autor und vom Verlag
sorgfältig geprüft, dennoch kann eine Garantie nicht übernommen werden.
Eine Haftung des Autors bzw. des Verlags und seiner Beauftragten für
Personen-, Sach- und Vermögensschäden ist ausgeschlossen.

Penguin Random House Verlagsgruppe FSC® N001967

Druck und Bindung: GGP Media GmbH, Pößneck

Printed in Germany

INHALT

DIE WICHTIGSTE FRAGE 7

I. WISSENSCHAFT, DIE KEIN WISSEN SCHAFFT   11

1. DIE WAHRE URGESCHICHTE DER MENSCHHEIT   13
2. SUMER, DAS ALTE ÄGYPTEN UND WEITERE
   VERRÄTERISCHE MYTHEN   19
3. DER TOD EINER WISSENSCHAFT   39

II. MYTHOS UND WAHRHEIT   65

1. GEHEIMNISSE DER BIBEL (1)   67
2. GEHEIMNISSE DER BIBEL (2)   80
3. DIE FASZINATION DES HINDUISMUS UND SEINE
   VIER EWIGEN WAHRHEITEN   90
4. DAS WICHTIGSTE RELIGIÖSE BUCH DER WELT   99
5. URWISSEN: DIE VEDEN UND DIE UPANISHADEN   122
6. DER AUFREGENDE SCHÖPFUNGSMYTHOS IM
   ALTEN ÄGYPTEN   126
7. GÖTTERWELTEN UND DIE ERSCHAFFUNG DES
   MENSCHEN IM ALTEN GRIECHENLAND   147
8. DIE GERMANISCHE SCHÖPFUNGSGESCHICHTE   156
9. WAS UNS DIE ALTEN CHINESEN LEHREN   168
10. ANDERE MYTHEN   173

III. WIE ES GEWESEN SEIN KÖNNTE 187
   GEDANKENSPIELE 189

IV. WIE DER MENSCH, DIE ERDE UND
   »DIE WELT« EINST ENTSTANDEN 231
   DIE SUCHE............................ 233

LITERATURVERZEICHNIS 249

DIE WICHTIGSTE FRAGE

Von mehr als einem Philosophen wurde behauptet, dass die wichtigste Frage, die je gestellt worden ist, die Frage nach der Herkunft des Menschen sei und damit im Zusammenhang die Frage, WER wir sind und WAS der Mensch eigentlich ist.

Es wurden tausende Antworten gegeben, und in Hunderten von Disziplinen bemühte und bemüht man sich bis heute um eine Antwort. Auch die Geschichte wurde intensiv erforscht, nur um dem Rätsel Mensch endlich auf die Spur zu kommen. Vielleicht konnte die Vergangenheit die Frage beantworten?

Im 19. Jahrhundert stellte man überrascht fest, dass der Mensch – anders als in der Bibel behauptet – viel älter als 6000 Jahre ist. Ausgrabungen und Entdeckungen von uralten Steinwerkzeugen bewiesen, dass es den Menschen schon vor Zehntausenden, Hunderttausenden, ja schon vor Millionen von Jahren gegeben hatte.

Eine wohlige Aufregung machte sich unter Forschern breit. Endlich, so schien es, war man dem Geheimnis auf die Spur gekommen. Wenn man nur weit genug in die Vergangenheit zurückschritt, so nahm man an, könnte man eine Antwort auf die Frage finden, woher der Mensch kommt und wie er entstanden ist.

In der Folge fand man immer häufiger Steinwerkzeuge aus längst vergangenen Zeiten und sogar eine gewisse Anzahl uralter Skelette, die sich teilweise vom Skelett des *Homo sapiens* unterschieden. Schaute man damit Gott in die Karten? Doch die ursprünglichen

Frage »WER oder WAS war der Mensch und WOHER kam er?« war mit diesen Funden noch lange nicht geklärt.

Stammte der Mensch von den Sternen? Und wenn ja, von welchen? Oder besuchten extraterrestrische Intelligenzen einst die Erde und schufen den Menschen? Vielleicht waren unsere Vorfahren Götter? Erschuf uns vielleicht nur EIN Gott? Oder war alles aus einer Art »Ur-See« entstanden und hatte sich zu immer höheren Formen entwickelt – aufgrund der unvorstellbaren Intelligenz der Natur?

Gemeinsam mit einigen anderen Wissenschaftlern behauptete nämlich der britische Naturforscher Charles Darwin (1809–1882), dass sich Leben aus diesem Ur-See entwickelt und es eine Evolution gegeben habe, sodass schließlich das Tier und damit der Affe entstanden seien und daraus letztlich der Mensch – freilich über verschiedene Zwischenstufen, denen er vornehme lateinische Namen gab. Er habe sich unter anderem über den *Homo erectus*, den aufrechtstehenden Menschen, zum Jetztmenschen entwickelt, wie wir ihn heute kennen.

Aber ist diese Theorie auch stimmig? Stammen wir wirklich von Affen ab? Sind wir eine bessere Art Tier, ein höherentwickeltes Tier vielleicht, aber trotzdem nur ein Tier? Oder brennt ein göttlicher Funken in uns?

Zweifel wurden laut.

So viel immerhin stimmt: Wenn wir die Frage »WER oder WAS wir sind und WOHER der Mensch einst kam.« mit Gewissheit beantworten könnten, lösten sich zahlreiche Probleme … einfach in Wohlgefallen auf. Viele Fachgebieten würden einen gewaltigen Sprung nach vorne machen: die Biologie, aber auch die Zoologie, die Historie, die Anthropologie und die Geologie, die Theologie und die Philosophie sowieso.

Wie ließ sich die wichtigste aller Fragen beantworten, ohne sich ständig in Mutmaßungen zu ergehen? Die Antwort darauf entschiede auch, ob wir grundsätzlich ein Tier wären oder ob uns ein geistiges Prinzip belebte – sprich ein unsterbliches Etwas, eine Seele, die nur vergessen hatte, zu welch unglaublichen Taten sie fähig war.

Viel stand auf dem Spiel; auch die Frage, wer in Zukunft die Gemüter der Kinder mit welchen Lehrbüchern beeinflussen würde. In gewissem Sinne ging es um die Machtfrage: Würde in Zukunft der Typus des Wissenschaftlers oder der Typus des Priesters herrschen?

WAS DIESES BUCH IHNEN BIETET

In der Tradition dieser Frage steht auch das vorliegende Buch.

So viel schon vorab: In der Folge werden zum Teil ganz andere Antworten gegeben als die, die uns bislang eingetrichtert oder vorgesetzt wurden.

Tatsächlich gibt es überreichlich Material, ja sogar jede Menge schriftlicher Zeugnisse, rund um den Globus, die davon berichten, was ehemals geschah. Mit anderen Worten: Alte und älteste Schriftstücke klären uns darüber auf, woher der Mensch ursprünglich kam und WER und WAS er ist. Sie geben seine Herkunft und seinen Ursprung preis, wurden jedoch noch nie systematisch untersucht und ausgewertet.

Holen wir dieses Versäumnis also auf den folgenden Seiten nach, aber schauen wir zuvor noch einmal genau Darwin an und seine Vermutung, dass sich der Mensch aus einem Affen entwickelt habe. Schon in dieser Beziehung steht uns mehr als eine Überraschung ins Haus.

I.
WISSENSCHAFT, DIE KEIN WISSEN SCHAFFT

1. Die wahre Urgeschichte der Menschheit

Man kann der Urgeschichte der Menschheit, so wie sie in unseren Universitäten und Schulen nacherzählt wird, nur mit Humor begegnen. Zu viele Behauptungen sind unlogisch, falsch, nicht nachvollziehbar und, ja, reiner Humbug. Wir begegnen hier der Vorspiegelung von Wissen, keinem echten Wissen.

Schon rein theoretisch könnte man einwenden: WER kann schon wirklich wissen, was vor 2,5 Millionen Jahren auf der Erde vor sich ging, als die Urgeschichte ihren Anfang nahm? NIEMAND. Bestenfalls kann man einige Vermutungen äußern und ein paar Ideen kultivieren, mehr nicht.

Bringen wir zunächst etwas Ordnung in das Thema und stellen dann eine Urgeschichte der Menschheit vor, die viel wahrscheinlicher ist als die, die uns heutzutage von einigen zweifelhaften »Wissenschaftlern« serviert wird, die ihre Behauptungen – seien wir einmal unangenehm ehrlich – auf ein paar wurmstichige Knochen und einige wenige verschmutzte Werkzeuge gründen.

Das Fachvokabular

Definieren wir zunächst einige Vokabeln, mit denen denkbar sorglos und willkürlich umgegangen wird.

Von **Urgeschichte** oder auch **Vorgeschichte** spricht man, wenn man den Zeitraum von vor etwa 2,5/2,6 Millionen Jahren ... bis hin zur Erfindung der Schrift meint, bis vor ein paar tausend Jahren also. Vor 2,5/2,6 Millionen Jahren beginnt die Urgeschichte der Menschheit, so wollen und behaupten es einige Wissenschaftler.

Warum gerade zu diesem Zeitpunkt? Nun, einige Archäologen gruben einst an ein paar Stellen auf der Welt einige Steinwerkzeuge dieses Alters aus. Also ging man davon aus, dass dies den Anfang der Menschheitsgeschichte markiere, die Urgeschichte. Man »vergaß« geflissentlich, dass später vielleicht noch viel ältere Steinwerkzeuge gefunden werden könnten.

Des ungeachtet einigte man sich im Kreis dieser Wissenschaftler darauf, dass die offizielle Urgeschichte 2,5/2,6 Millionen Jahre alt sei. Die Erfindung der Schrift, die uns im alten Ägypten ebenso begegnet wie im alten Sumer (grob gesprochen: im heutigen Irak/Iran) und im alten Indien, wurde in der Folge als das Ende dieser Urgeschichte festgelegt. Damit schuf man einen willkürlichen Ordnungsrahmen.

Welchen Menschenarten begegnen wir in dieser Zeitspanne? Innerhalb dieser Periode, behaupten einige Skelett-Enthusiasten, trat unter anderem der *Homo rudolfensis* auf (vor 2,5 bis 1,9 Millionen Jahren) sowie der *Homo habilis* (vor 2,1 bis 1,5 Millionen Jahren). Der Begriff *rudolfensis* weist auf der Tatsache hin, dass am Rudolfsee, dem heutigen Turkana-See im ostafrikanischen Kenia, ein paar alte Knochen gefunden wurden. Auch *Homo habilis*-Funde stammen aus ostafrikanischen Gesteinsschichten. Das lateinische Wort *habilis* bedeutet »geschickt«, »fähig« oder »begabt«.

Da diese Knochen in einigen Beziehungen anders aussahen als die Knochen des *Homo sapiens*, schlussfolgerte man vorschnell, dass es sich um Vorläufer des Jetztmenschen handeln müsse. Zudem entdeckte man gewisse Ähnlichkeiten mit einem Affen. Und so warf man die Theorie in den Ring, es müsse sich um Vorstufen des Menschen handeln, wie es der britische Naturforscher Darwin vermutet hatte.

Doch das alles sind nur hübsche Theorien, die schon morgen wieder auf dem Abfallhaufen der Geschichte landen könnten – sobald viel ältere, neue Knochen in irgendeinem Teil der Welt auftauchen ... Die Archäologie, nur zur Erinnerung, ist eine relativ junge Wissenschaft. Sie entstand im 19. Jahrhundert, und man operierte in ihrem Rahmen teilweise unverzeihlich oberflächlich.

Doch schreiben wir an unserem wissenschaftlichen (Fälschungs-) Krimi weiter: Von da an ging man von einer **Evolution** aus, einer Evolution vom Affen zum Menschen. Basta! Sie HATTE stattgefunden ..., glaubte bzw. behauptete man jetzt, aufgrund einiger Knochenfunde.

Schließlich trat – jedenfalls gemäß der Evolutionstheorie – der *Homo erectus* auf den Plan. Dieser Typus, der »aufrechtstehende« Mensch, verbreitete sich weit über Afrika hinaus, so die gängige wissenschaftliche Theorie. Er habe Afrika, Asien und Europa besiedelt und ca. vor 2 Millionen Jahren bis hin zu vor rund 120 000 Jahren existiert.

Auf den *Homo erectus* folgte der *Homo sapiens*. Seiner Existenz billigt man in den Lehrbüchern nur eine relativ kurze Zeitspanne zu. In Afrika ist der *Homo sapiens*, der »denkende«, »weise« oder »wissende« Mensch, seit rund 300 000 Jahren fossil belegt. Angeblich entwickelte er sich aus dem *Homo erectus*. Beweise dafür fehlen jedoch.

Stillschweigend ging man von einer Art automatischer Höherentwicklung aus. Denn die Darwinistische Lieblingstheorie, dass der Mensch vom Affen abstamme, befiehlt uns zu glauben, dass sich aus dem Affen zuerst der Affenmensch und dann der Mensch entwickelt habe bis hin zu der absoluten Krone der Schöpfung, dem Jetztmenschen. Heute, so die Theorie sehen wir uns dem endgültigen Prachtexemplar gegenüber, dem *Homo sapiens sapiens* – das *sapiens* wird doppelt benutzt – sprich dem »besonders einsichtigen und vernünftigen Menschen«.

Das behauptet jedenfalls der *Homo stultus stultus*, der »dumme, dumme Mensch«, wie man ironisch anmerken könnte. Er wurde in diesem Reigen der hochgestochenen lateinischen Bezeichnungen vergessen.

Es wurde das Märchen ersonnen, *Homo sapiens sapiens* habe vor rund 120 000 Jahren Afrika verlassen, dann erst Indien und den Nahen Osten besiedelt und danach die ganze Welt.

Und was geschah VOR 2,5 Millionen Jahren?, könnte man unschuldig fragen. BEVOR der Affe sich in einen Affenmenschen und Menschenaffen zu verwandeln begann? Die Darwin-Anbeter behaupten Folgendes: Vor etwa 7 Millionen Jahren habe sich der **Urmensch**, der mit den Schimpansen gemeinsame Vorfahren geteilt habe, vom Affen abgetrennt. Es sei eine neue, eine menschliche Linie entstanden. Über verschiedene Zwischenschritte, die wir bereits beschrieben haben, sei später der moderne Mensch, *Homo sapiens sapiens*, entstanden.

Wie soll man darüber urteilen? Nie in der Geschichte der Wissenschaft wurde eine löcherigere Theorie aufgestellt.

Mangelnde Beweise

Der tödlichste Hieb gegen sie ist der Einwand, dass es für die angeblichen Zwischenschritte zwischen Affen und Menschen keine hinreichenden Belege gibt. Man fand zwar zahlreiche Affen- *oder* Menschenskelette, aber von den Übergangsformen fehlt fast jede Spur. Obwohl diese Zwischenschritte, die *Missing links*, doch zuhauf existieren müssten. Wo sind die Übergangsformen zwischen *Homo erectus* und *Homo sapiens*. Wo?

Das führt vor Augen, dass diese Theorie am grünen Schreibtisch ausgebrütet und nicht die Realität befragt wurde. Es müssten sich doch haufenweise Skelett-Übergangsformen finden lassen. Das ist aber nicht der Fall.

Auch an Übergangsformen zwischen den anderen »menschenähnlichen« Skeletten mangelt es – wie etwa an den Übergangsformen zwischen *Homo habilis* und *Homo erectus*. Wo, fragen wir noch einmal, wo befinden sie sich?

Und weiter: In schöner Regelmäßigkeit wird ein neues Menschenskelett entdeckt oder zumindest Teile davon, das noch älter ist als die zugestandenen 2,5 Millionen Jahre. Der Zeitrahmen verschiebt sich ständig, weil irgendwo auf der Welt ein paar neue alte Knochen gefunden werden – oder noch ältere Werkzeuge. Wie peinlich!

Mit anderen Worten: Der gesamte zeitliche Rahmen ist damit nicht mehr gegeben. Wenn man vollständig ehrlich wäre, müsste man zugeben, dass dieses Kartenhaus längst eingestürzt ist.

Gar nicht erst davon zu reden, dass die Affen-Enthusiasten inzwischen zu einem weitaus differenzierteren Stammbaum des Menschen gelangt sind. Inzwischen verweisen sie auch auf Zwergmenschen, wie etwa den *Homo floresiensis*, der auf der indonesischen Insel Flores entdeckt wurde – eine ausgestorbene, im Vergleich zum *Homo sapiens* kleinwüchsige Gattung des *Homo*. Oder auf Giganten und Riesenmenschen, die kürzlich ausgegraben wurden. Stolz deuten sie auch auf die Denisova-Menschen, die mit den Neandertalern verwandt sind und deren kürzlich entdeckten Skelette angeblich alles verändern würden. Die Denisowa-Höhle – wörtliche Bedeutung: die »Höhle von Denis« – befindet sich in Sibirien.

Mit anderen Worten: Die Verästelungen am Baum der Menschheit sind inzwischen weit zahlreicher. Es gibt erheblich mehr Subspecies, also »Untergruppierungen« als früher, sowie *Human cousins* des *Homo sapiens*, also »enge Verwandte«. Allem Anschein nach hat diese Wissenschaft gewaltige Fortschritte gemacht.

In Wahrheit wurde das alte Bild allerdings nur erweitert und verkompliziert. Man warf mit einigen weiteren lateinischen Vokabeln um sich, als ob das irgendetwas beweisen würde. An dem eigentlichen Vor-Urteil, dass der Mensch vom Affen abstamme, wurde nicht gerüttelt. Mensch + Affe haben e. gmeins. Ahnen

Der »Stammbaum des Menschen« muss kontinuierlich umgeschrieben und neu formuliert werden, weil irgendwo ein enthusiasmierter Ausgräber einen uralten Zahn entdeckt hat.

Gleichwohl krallen sich einige Wissenschaftler an diesem falschen Geschichtsbild der Urgeschichte geradezu fest. Unsere Lehrbücher sind voll davon. Nur um diese Affen-Mensch-Theorie aus dem 19. Jahrhundert aufrechtzuerhalten, wurden sogar Knochenfunde gefälscht.[1] Hunderte, vielleicht Tausende von Fälschungen sind einwandfrei dokumentiert.[2]

Und da es während der gesamten Urgeschichte angeblich nur primitive Arten von Menschen gab, wird die Urgeschichte an sich als ebenso primitiv abgetan. Man führt dem staunenden, gläubigen Nichtwissenschaftler Bilder von halbnackten, fellbekleideten, dummen Höhlenmenschen vor Augen, zottelig und mit wilden Bärten, mit dicken Augenbrauenwülsten und robusten Leibern, und macht der ganzen Welt weis, die ferne Vergangenheit, die Urgeschichte sei brutal, primitiv, roh, simpel und gewalttätig gewesen.

Vielleicht ist es nie laut gesagt worden: Bei dieser Theorie handelt es sich nicht nur um eine fahrlässige, törichte Vermutung, sondern tatsächlich um eine unverzeihliche Fälschung der Geschichte.

Doch was ist die Wahrheit?

2. Sumer, das alte Ägypten und weitere verräterische Mythen

Die Urgeschichte der Menschheit sah wahrscheinlich anders aus, als es uns bislang beigebracht wurde. Da sich zu oft Biologen, Anthropologen, Chemiker und Naturwissenschaftler in den Reihen der Wissenschaftler befanden, die die Urgeschichte zusammenfantasierten, machten sich zu wenige Forscher die Mühe, die ersten schriftlichen Aufzeichnungen der Menschheit genauer zu untersuchen, und ignorierten die zahlreichen Mythen. Denn wer kümmert sich um Mythen? Geisteswissenschaftler! Sie wissen, dass in Mythen immer ein Körnchen Wahrheit steckt.

Betrachten wir deshalb einmal einige Aufzeichnungen und Mythen genauer. Beginnen wir bei den alten Sumerern.

Was uns die Hochkultur der Sumerer lehrt

Das Wort Sumerer bedeutet vermutlich »Getreidefresser«; die Sprachwissenschaftler sind sich jedoch uneins.

Das Land Sumer lag zwischen den Flüssen Euphrat und Tigris, im heutigen Irak/Iran, zeitweise war die Ausdehnung auch deutlich größer. Später sprach man in der gleichen Region von den Babyloniern, noch später bemächtigten sich die Perser dieses Fleckchens Erde, dessen Grenzen sich dabei ständig veränderten.

Bis heute streiten sich die Gelehrten, ob die alten Ägypter oder die Sumerer die Schriftsprache erfanden. Die alten Inder und die alten Chinesen könnten womöglich ebenfalls Anspruch auf diese

Kulturtat erheben. Es ist nicht auszuschließen, dass einfach das Bedürfnis, Vereinbarungen schriftlich festzuhalten, der Wunsch nach Verträgen, dazu führte, dass sich die Menschen auf eine Schriftsprache verständigten. Aber auch die Religion mag verantwortlich gewesen sein. Denn Schriftworte waren ursprünglich etwas Wertvolles, sie hatten »Magie«.

Die Sumerer entwickelten die sogenannte Keilschrift. Dreieckige Griffelspitzen wurden in Tontafeln gedrückt, und diese Dreiecke in bestimmten Beziehungen zueinander angeordnet. Als man endlich lernte, die Keilschrift zu entziffern, staunten viele Gelehrte nicht schlecht: Die Sumerer sprachen bereits von einem Paradies und einer Hölle – lange vor dem Christentum. Außerdem verrieten die Aufzeichnungen der Sumerer viel über ihre früheren Herrscher.

Und dann wurde das sogenannte *Gilgamesch-Epos* entdeckt und entziffert.

Gilgamesch? Da ist der Heldenname dieses Epos' und eine der eindrucksvollsten Erzählungen, die die Literatur kennt. Einige Forscher sprechen von der ältesten Geschichte der Welt. Sie ist tausend Jahre älter als die *Ilias* von Homer oder die Bibel. Der Inhalt ist rasch erzählt: Der gewaltige, starke Held, Gilgamesch, ein König, regiert eine Stadt in Sumer. Er kämpft gegen Ungeheuer, bringt aufregende Reisen hinter sich und besteht verschiedene Gefahren. Zudem versucht er zu erkennen, wie man dem Tode entkommen kann.

Wie war es zu dieser Entdeckung gekommen?

Im Jahr 1853 wurden die ersten Bruchstücke dieser Erzählung zwischen einigen irakischen Ruinen entdeckt. Ein junger englischer Reisender (Henry Layard) stolperte über verschiedene Gemäuer, in deren Wände schreckliche Dämonen eingemeißelt waren. Hier hatten Künstler auch Götter, Schlachtenszenen und Zeremonien dargestellt. Die Türeingänge wurden von gewaltigen, geflügelten Stieren und Löwen bewacht. Zudem entdeckte der

Engländer Zehntausende von Tontafeln, die alle mit der mysteriösen Keilschrift beschrieben waren. 25 000 dieser Tafeln wurden eiligst nach London ins Britische Museum geschafft, noch bevor die irakische Regierung ihm einen Strich durch die Rechnung machen konnte. Es war die aufsehenerregendste archäologische Entdeckung des Jahrhunderts.

1857 wurde die Keilschrift endlich entziffert, das Gilgamesch-Epos konnte gelesen werden: Eine ganze Welt tat sich auf. Staunend entdeckten die Leser, dass innerhalb dieser Erzählung auch von einem Menschen berichtet wird, der die Sintflut überlebt hatte. Von einer Arche war die Rede, auf die er viele Tiere geladen hatte, um die schreckliche Flut zu überstehen. Am Schluss sandte er eine Taube aus, um festzustellen, ob die Wasser zurückgegangen waren.

Viele christliche Priester fingen an zu zittern. Im Vatikan schlief man eine Zeitlang sehr schlecht. Man erkannte, dass die Geschichte der Sintflut und der Arche Noah ... von den Verfassern der Bibel nur abgeschrieben worden war. Sie war nicht einmal jüdischen Ursprungs.

Die Aufregung war enorm, aber eben nur in Fachkreisen. Im Allgemeinen wird das Gilgamesch-Epos bis heute totgeschwiegen und findet sich kaum je auf dem Stundenplan. Dabei könnte inzwischen jeder die Gilgamesch-Erzählung lesen, denn es gibt 73 Fragmente mit rund 2000 Verszeilen des Urtextes, die gut übersetzt sind. Später fand man sogar noch Vorlagen zu dem Epos ... die Erzählung reicht bis in die früheste sumerische Zeit zurück. Der Held Gilgamesch war angeblich zu zwei Dritteln göttlich und zu einem Drittel Mensch und erreichte das sagenhafte Alter von 126 Jahren.

Noch früher diente eine Gilgamesch-Figur sogar als Unterweltsgott.

Das Gilgamesch-Epos verrät uns, dass die Sumerer eine sehr lange Geschichte haben, die wahrscheinlich weiter zurückreicht, als es in den Lehrbüchern normalerweise zugestanden wird.

Die Urgeschichte der Menschheit, eine neue Version

Dass der Judaismus und das Christentum von den alten Sumerern verschiedene Geschichten übernahmen, ist inzwischen bekannt und unumstritten. Heikler ist ein anderes Thema. Es hat mit dem wahren Alter der sumerischen Hochzivilisation zu tun. Nun betreten wir den denkbar heißesten Boden.

Zunächst einmal sprechen einige alte sumerische Schriften davon, dass ihre Kultur 432 000 Jahre alt ist.[3] Das ist nicht nur eine Sensation, sondern ein bedeutender Unterschied zu den 6000 Jahren, die der modernen Menschheit üblicherweise zugestanden werden.

Die sumerischen Autoren, die von 432 000 Jahren ausgehen, waren Priester. Sie erstellten akribisch genaue Listen, in denen die alten Könige aufgeführt sind. Sie berichteten von paradiesähnlichen Zuständen und verschiedenen Blüteperioden. Und informierten die Leser über einen ganzen Götterhimmel.

Die sumerischen Priester und Schreiberlinge, die diese Behauptungen aufstellten, waren stolz auf ihre Kultur. Sie genossen bereits die Segnungen eines Kanalisationssystems, verfügten über intelligente Werkzeuge und kannten Wasserwege und Geschäftsverbindungen, die bis nach Indien und Ägypten reichten. Und so viel stimmt: Die Überbleibsel und Informationen sind beeindruckend – die Gefäße, die Waffen, all der Zierrat. Es gab sumerische Wissenschaftler, Ärzte und Juristen. All das existierte mindestens 6000 Jahre vor unserer Jetztzeit.

Wir müssen die Sichtweise korrigieren, dass die alten Sumerer eine primitive Gesellschaft waren.

Zudem müssen wir bereit sein zuzugestehen, dass ihre Aufzeichnungen mehr sind als bloße Mythen. Was wäre, wenn sie korrekt wären? Das würde bedeuten, dass es schon in den letzten

500 000 Jahren erstaunliche Hochkulturen auf der Welt gegeben hat.

Die Gräber der alten Sumerer verraten uns, dass sie an ein Leben nach dem Tod glaubten. Denn ihren Verstorbenen wurden Nahrungsmittel auf den Weg ins Jenseits mitgegeben. Die Priester berichten von einem »Gott der Weisheit«, der für verschiedene Wissenschaften zuständig war. Das lässt auf bestimmte Technologien und zumindest ein teilweise ausgefeiltes Know-how schließen.

Sumerische Priester, Mathematiker und Gelehrte konnten schon vor 6000 Jahren Kubikwurzeln ziehen und schwierige Probleme der Geometrie lösen. Sie hatten gewaltige Bibliotheken, in denen verschiedene Chroniken aufbewahrt wurden. Die Säule, das Gewölbe, der Bogen, die Schulen und die Paläste lassen vor unseren Augen zumindest für die Oberschicht eine verfeinerte Lebensqualität entstehen. Die Architektur war hoch entwickelt.

Noch einmal: Wir sollten ihre uralten Aufzeichnungen nicht vorschnell und hochmütig als Legenden oder Mythen abtun. In diesem Sinne wäre es auch unwissenschaftlich, all die verschiedenen Götter von vornherein als bloße Hirngespinste abzutun. Vielleicht gab es einfach Wesenheiten, wie wir das vorsichtig nennen wollen, die über größere Fähigkeiten verfügten als sie heute dem Normalmenschen zugestanden werden?

Gilgamesch war eine Art Halbgott, vielleicht vergleichbar mit Herkules, dem Sohn des Zeus in der griechischen Sage. Nammu (Namma) verkörperte eine der höchsten und ursprünglichsten Gottheiten der alten Sumerer – sie wird als Göttin der Schöpfung apostrophiert. Sie verfügte und gebot über sieben niedrigere Göttinnen. Das verrät uns, dass selbst im Reich der Unsterblichen Hierarchien existieren.

Der Götterhimmel der alten Sumerer umfasste ganze Genealogien, genau wie das griechische Pantheon. Wir kennen heute wenigstens 50 sumerische Götter.

Und noch einmal: Solche Überlieferungen sollten wir nicht von vornherein belächeln.

Im Übrigen erhärten inzwischen Ausgrabungen im Irak den Verdacht, dass die Kultur der Sumerer tatsächlich weiter zurückreicht als bisher angenommen: Einige Funde verweisen auf das 6./7. Jahrtausend vor Christus, womit man ihnen »halboffiziell« ein Alter von rund 8000 Jahren zugesteht. Archäologen sind nicht davor gefeit, dass noch ältere Funde ans Licht kommen. Längst unterscheidet man zwischen dem altsumerischen und dem neusumerischen Reich. Verifiziert sind eine hochentwickelte Mathematik, Monumentalbauten und erstaunliche Astronomie-Kenntnisse – die alten Sumerer kannten unter anderem bereits den Planeten Merkur. Man nimmt sogar eine Vorstufe zum Gilgamesch-Epos an.[4]

Wir persönlich glauben, dass noch nicht das letzte Wort in Sachen Alter der sumerischen Kultur gesprochen ist, nicht einmal innerhalb der Mainstream-Archäologie. Eines Tages wird man vielleicht sogar einräumen, dass sie Zehntausende, ja Hunderttausende von Jahren zurückreicht. Da Archäologen andauernd neue Entdeckungen machen, sollten wir uns darauf gefasst machen, dass wir in Sachen frühe und früheste Hochzivilisationen erst am Anfang zahlreicher Funde stehen.

Im Zuge neuer archäologischer Entdeckungen müssen wir eines Tages möglicherweise sogar unser Zeitkonzept korrigieren. Wir dürfen nicht im Voraus ausschließen, dass es nicht auch schon vor Zehntausenden und Hunderttausenden von Jahren hochstehende Zivilisationen gab, die vielleicht weiter fortgeschritten waren als die unseren.

Der heutige Mensch wäre dann *nicht* die Krone der Schöpfung. Dies streichelt nicht unser Ego. Aber umgekehrt bietet diese These auch eine ganz neue Perspektive: Offenbar ist eine Höherentwicklung des *Homo sapiens sapiens* möglich, der vielleicht nur seiner ursprünglichen spirituellen Fähigkeiten verlustig gegangen ist.

Unsere heutige Anthropologie, die im *Homo sapiens sapiens* das Nonplusultra aller Entwicklung sieht, würde durch diese neue Betrachtungsweise gewissermaßen auf den Kopf gestellt. Vielleicht sollten wir diese Möglichkeit zumindest in Erwägung ziehen. Sie gäbe in Sachen Menschengeschlecht zu den größten Hoffnungen Anlass – denn vielleicht können wir ja eines Tages wieder zu neuen, höheren spirituellen Stufen aufsteigen?

Weitere Entdeckungen

Weitere Entdeckungen im Irak stehen noch aus. Die dortige politische Situation ist derzeit jedoch nicht dazu angetan, sie voranzutreiben.

Zumindest den alten sumerischen Texten nach liegen die Ursprünge des Menschen erheblich weiter zurück, als wir bisher angenommen haben. Demnach gab es einst sogar einen *Garten Eden*, das sumerische Wort für »flaches Land«, der als Garten der Götter beschrieben wurde. Sprechen wir hier von Hunderttausenden von Jahren? Dann wäre unsere Evolutionstheorie dahin. Wir müssten Abschied nehmen vom *Homo habilis* und vom *Homo erectus*.

Sumerischen Texten zufolge wurden erst die Götter und danach die Menschen erschaffen. Die Urgeschichte war ausnahmslos von hochfähigen Wesen bevölkert, nicht von affenähnlichen Primitivlingen. Es gab einen ganzen sumerischen Pantheon. Einer von ihnen war der Gott *Enki*, der »Herr der Erde« mit dem Beinamen »Herr der List«. Ein Gott der Weisheit und des Wissens existierte ebenfalls, was – wie bereits ausgeführt – auf intelligente Wissenschaften und Technologien schließen lässt. Offenbar herrschte eine Art Goldenes Zeitalter. Manchmal konnten Dinge nur durch ein Wort erschaffen werden, versichern uns die sumerischen Priester.

Später, nach dem Goldenen Zeitalter, gab es dazu offenbar eine Sprachverwirrung, die Sintflut und die Vertreibung aus diesem Paradies – Erzählungen, die später auch in die Bibel eingingen.

Nur nebenbei bemerkt: Die Sintflut-Erzählung kennen wir auch aus China, Indien, Russland und Australien. Wir begegnen ihr sogar in nordischen Sagen und bei amerikanischen Indianern, mitunter auch auf Inseln im pazifischen Ozean.

Jedenfalls gab es keine primitiven Affenmenschen. Auf den sumerischen Tontafeln findet sich keine Spur davon. Im Gegenteil: Die Sumerer waren sogar noch im 5. Jahrhundert vor Christus berühmt für ihr gutes Aussehen. Ihre zahlreichen Wasseranlagen bezeugen, dass sie reinlich gewesen sein müssen. Wie sie selbst berichten, trugen sumerische Männer ihr Haar lang, mit einem Mittelscheitel, sorgfältig gepflegt, genau wie die langen Bärte. Ihre Kleidung war fein. Sie bestand aus langen Röcken und einem großen Schal, der über die linke Schulter geworfen wurde – ein Vorläufer der römischen Toga.

Die alten Sumerer bieten mit ihren Mythen ein anderes Bild der Urgeschichte. Deshalb sollten wir beginnen, der gängigen Geschichtsschreibung mit ihrer unkritischen Darwin-Verehrung zu misstrauen.

Doch forschen wir zunächst weiter und tragen zusätzliches Material zusammen. Tatsächlich wird es immer spannender.

Die biblische Urgeschichte

»Offiziell«, nach der Mehrzahl christlicher Theologen, ist unsere Welt lediglich 6000 Jahre alt; denn so steht es in der Bibel. Auf der anderen Seite wissen wir heute auch mit unumstößlicher Gewissheit, dass die Welt und die Erde mit allen Lebewesen unmöglich in sechs Tagen erschaffen worden sein kann.

Wir alle kennen den Bericht über die Entstehung des Universums und der Erde: »Die Erde aber war wüst und wirr und Finsternis lag über der Urflut und Gottes Geist schwebte über dem Wasser. Gott sprach: Es werde Licht. Und es ward Licht.«[5]

Der Bibel nach herrschte anfangs Chaos, alles musste erst erschaffen werden, sogar Mann und Frau, Adam und Eva.

Wie weit mag das zurückliegen?

In der Bibel findet sich auch ein Bericht über ein ehemaliges Paradies. Ferner gibt es die Sintflut.

Die menschliche Lebenszeit wird durchschnittlich mit 120 Jahren angegeben. Adams Lebenszeit betrug laut der Bibel sogar 930 Jahre, Noahs 950 Jahre, Methusalem lebte 969 Jahre und Abraham immerhin noch 175 Jahre. Man geht also auch in der Bibel mit anderen temporären Vorstellungen um. Ergibt sich allein aus diesen Lebensspannen nicht ein anderes Zeitgefüge?

Darüber hinaus existierten Engel, die eines Tages von Gott abfielen. Apokryphe Schriften berichten von Wächterengeln, die gegen Gott rebellierten. Auch diese Geschichten suggerieren ein anderes Zeitverständnis. Es gibt in einigen »biblischen« Schriften zudem Engelwesen, die mit Menschenfrauen eine körperliche Beziehung eingingen und eine neue Rasse hervorbrachten.

Jahreszahlen und Jahresangaben fehlen zwar, aber unser heutiges zeitliches Vorstellungsvermögen verbietet es uns anzunehmen, dass sich all diese massiven Veränderungen innerhalb von nur ein paar Tausend Jahren abgespielt haben könnten.

Vor allem das hohe Alter verschiedener Protagonisten im Alten Testament ist vielen Theologen ein Dorn im Auge. Deshalb wurden bereits verschiedene Theorien bemüht, um das angegebene Alter dieser Personen herabzusetzen: Man ging von Schreibfehlern aus, von einem anderen Zahlensystem oder Kalender – der Monate maß, nicht Jahre – oder behauptete, die Zahlen und die Altersangaben seien nur bildlich zu verstehen und es solle mit einem hohen Alter nur Respekt vor diesen Personen angedeutet werden, und anderes mehr. Ausreden!

Trotzdem kommt man nicht um die Vorstellung herum, dass mit den biblischen Geschichten teilweise sehr weit zurückliegende Zeiträume beschrieben wurden.

Wir werden später noch einmal genauer auf die Bibel zurückkommen; tatsächlich gibt es weitere beinahe revolutionäre Aussagen.

Die indische Urgeschichte

Richten wir unseren Blick nach Indien, werden wir mit noch weit erstaunlicheren Zeitvorstellungen konfrontiert.

Archäologen machen ständig alle möglichen Zugeständnisse in Hinblick auf das Alter der indischen Kultur. Die angeblich älteste indische Siedlung wurde auf 6500 Jahre vor Christus datiert – also auf ein Alter von rund 8500 Jahren. Allerdings: Schon morgen kann ein neuer Fund diese Zahl infrage stellen.

Auch hier sprechen die Mythen eine andere Sprache. In ihnen wird mit Jahrhunderttausenden und Jahrmillionen jongliert. Die indische mythologische Urgeschichte kennt ebenfalls keine Affen, dafür aber eine überreiche Anzahl von Göttern und Lebewesen, die mit besonderen Talenten oder Fähigkeiten ausgestattet sind.

Die Idee der Reinkarnation macht nicht nur aus Göttern, sondern auch aus Menschen beinahe überirdische Wesen. Am beliebtesten sind die Göttergeschichten, die mit dem Thema Wiedergeburt zu tun haben. Vishnu, der Gott, der für die Erhaltung der Welt zuständig ist, verfügte gemäß der uralten indischen Literatur über zehn Inkarnationen oder Avatars. Die meisten Götter operierten und operieren über gewaltige Zeiträume hinweg.

Noch aufschlussreicher ist, dass es gemäß den alten schriftlichen Aufzeichnungen in Indien langwährende Zeitalter gab, die weit über unser Zeitverständnis hinausgehen, dem Zeitverständnis des *Homo sapiens*.

Teilweise werden sie in einem berühmten Buch namens *Mahabharata* (= »Die große Geschichte der Bharatas«) beschrieben. Die Bharatas sind ein indischer Stamm wie auch eine bekannte indische Großfamilie, deren Schicksal in diesem Epos erzählt wird. Die Entstehungszeit dieses Werkes liegt zwischen 400 vor und 400 nach Christus. In diesem Epos mit zahlreichen Nebenhandlungen geht es um alte und neue Götter, um Kämpfe und Kriege und um Anstand und wahre Ethik. Es geht um alle Arten von Göttern, um Halbgötter, Reittiere und Dämonen, um Abenteurer, Helden, Weise und Heilige. Wichtiger ist: Unsere Zeitvorstellungen werden völlig verändert.

Laut der altindischen Philosophie existierten ehemals vier *Yuga* oder vier »Zeitalter/Weltalter«. Diese vier Weltalter sind unterschiedlich lang: Das erste Zeitalter dauerte 1728000 Jahre! In diesem, laut indischer Überlieferung, Goldenen Zeitalter wurde die Wahrheit hochgehalten. Die Menschen lebten sittlich und bedienten sich spiritueller Praktiken. Das zweite Zeitalter dauerte 1296000 Jahre, das dritte 864000 Jahre, das vierte 432000 Jahre.

Auch im Laufe dieser vier Zeitalter fand ein Niedergang von Kultur und Ethik statt, genau wie es die alten Sumerer annahmen. Nach altindischer Vorstellung leben wir momentan im letzten und damit dunkelsten Zeitalter, relativ am Anfang; einigen indischen Philosophen zufolge haben wir noch 325000 unerquickliche Jahre vor uns.

Bis heute gehen indische Philosophen und Weisheitslehrer wie selbstverständlich mit all diesen Zahlen um, sie schrecken nicht vor ein paar Hunderttausenden oder Millionen Jahren zurück. Und sie beschreiben die Urgeschichte auf eine andere Art als wir. Nichts ist primitiv in diesen früheren Zeiten, nichts ist roh, Darwins Recht des Stärkeren gilt nicht. Körper – Menschen- wie Tierkörper – sind Leiber, die der Erleuchtete nach Belieben nutzt, in die er wie in eine zweite Haut schlüpft.

Sicher trug auch die Vorstellung der Reinkarnation dazu bei, dass in Indien ein anderes Zeitkonzept Platz greifen konnte. Jedenfalls ist der indische Denker an andere zeitliche Dimensionen gewöhnt. Das Ziel dieser anderen zeitlichen Betrachtungsweise bestand und besteht darin, wieder zurück ins Goldene Zeitalter zu gelangen oder, genauer gesagt, ein neues Goldenes Zeitalter herbeizuführen.

Zusammen umspannen die vier Zeit- oder Weltalter mehr als vier Millionen Jahre. Das lässt keinen Raum für die Urgeschichte der Darwinisten, in denen nur Menschenaffen und ein paar Dinosaurier lebten. Im Gegenteil – ihre Vorstellung ist genau umgekehrt: Je älter sich eine Kultur darstellt, umso hochstehender und verfeinerter ist sie.

Doch die alten Inder blieben bei ein paar Millionen Jahren nicht stehen. Sie berichteten, dass diese vier Yuga zusammen betrachtet ein sogenanntes *Maha Yuga* – ein »großes Zeitalter« – bildeten. Und sie sprachen von tausend Maha Yuga. Sie redeten und schrieben mit der größten Selbstverständlichkeit über Milliarden und Billionen von Jahren.

Die Weisesten der weisen Männer porträtierten diese früheren Zeiten immer wieder als bessere Zeiten, als hochstehende Zeiten. Als Beweis führten sie uralte Erinnerungen und Überlieferungen an.

Darwin hingegen betrachtete lediglich ein paar alte Knochen und zog genau den Umkehrschluss. Seine Nachfolger beschäftigen sich bis heute nur mit verschiedenen Affen- oder Halbmenschen. Sie tanzen auf den Tischen vor Freude, wenn sie wieder einmal die Weltpresse beeindrucken und erzählen können, dass ein alter Knochen aufgefunden wurde, der entfernt an einen Menschenknochen erinnert. Oder wenn sie entdecken, dass es vor ein paar Jahrtausenden im alten Ägypten bereits Hühnchen gab, die verspeist wurden, weil sie am Nil gerade wieder einmal eine Siedlung ausgegraben und ein paar uralte Hühnerknochen gefunden haben.

Gut, es gab Hühnchen im alten Ägypten.
Sehr aufschlussreich!
Sehr beeindruckend!
Die indischen Weisen wiederum rücken die höchststehenden Philosophien und Prinzipien in den Blickpunkt. Sie besangen einen Gott nach dem andern ebenso wie die edelsten Figuren, unter denen es zwar auch Auseinandersetzungen gab, die aber hoch in den Wolken stattfanden – im »Himmel«. Ihre Götterfiguren sind oft so typisch, so einprägsam, so unverwechselbar, dass man sich des Gedankens an dahinterstehende echte Persönlichkeiten und Vorbilder nicht erwehren kann.

Verglichen mit Darwin könnte diese Urgeschichte jedenfalls nicht verschiedener sein. Fest steht: *Eine* Version *muss* falsch sein!

Wir werden auf die erleuchteten Inder und noch einmal auf das vielleicht wichtigste Buch der Welt, das *Mahabharata*, zu sprechen kommen. Die Enthüllungen sind zahlreich.

ERSTAUNLICHE LEHREN AUS DEM ALTEN CHINA

Auch die Überlieferungen aus dem alten China bieten einige Überraschungen.

Nur nebenbei bemerkt: Die Chinesen waren und sind genau wie die Autoren der Bibel besessen von der Langlebigkeit. Das rührt möglicherweise von einer einseitigen Interpretation der altchinesischen Religion her, des Tao. Bis heute gibt es die abenteuerlichsten Erzählungen über alte und uralte chinesische Weise, Einsiedler und Kaiser.

Dazu weisen die chinesischen Mythen auf ein beträchtliches Alter der chinesischen Kultur hin. Als die ältesten Kulturbringer werden »die Drei Erhabenen« angesehen (Fuxi, Nüwa und Shennong), die einst, in grauen Urzeiten, dem chinesischen Volk verschiedene Überlebenstechniken an die Hand gaben. Ihnen folgten die drei chinesischen Urkaiser, die ebenfalls verehrt werden.

Wie weit die chinesische Mythologie tatsächlich zurückreicht, wurde nie zufriedenstellend geklärt. Allein die Schöpfungsberichte müssen uralt sein. In ihnen gibt es Erzählungen über Urmenschen, über Urmaterial und ein Weltenei – aber nichts hieran ist primitiv.

Es wird von verschiedenen Zeitaltern berichtet, die 18 000 Jahre währten. Aus dem Weltenei wurde *Pangu* geboren, chinesisch für »das erste menschliche Wesen auf der Welt«. Er teilte sich nach 18 000 Jahren in Himmel und Erde, Yang geriet zum Himmel, Yin zur Erde. Nach weiteren 18 000 Jahren fanden abermals Schöpfungen oder Veränderungen statt. Die chinesische Mythologie kennt über zweihundert Götter, sogar eine Heilige Dreifaltigkeit, ferner Halbgötter, Helden, Ungeheuer, zahlreiche Schlangen und Drachen sowie Wesen mit besonderen Fähigkeiten.

Vom *Homo erectus* keine Spur.

Mit anderen Worten: Die über 3500 Jahre alten schriftlichen Aufzeichnungen werden in zeitlicher Dimension von den chinesischen Mythen *weit* in den Schatten gestellt.

Selbst die alten Hochkulturen auf chinesischem Boden geben Anlass zum Staunen: Man regulierte früh Flüsse, bändigte Fluten und Gewässer und baute große Städte und Tempel. Nichts war primitiv. Es gab weise Herrscher, »Himmelssöhne« und die ergreifendsten Geschichten davon, wie zivilisiert die früheren Zeiten waren. Wenn einmal Jahreszahlen genannt wurden – selten genug –, bewegte man sich im Rahmen von Zehntausenden von Jahren.

Gleichwohl darf man nie vergessen, dass die frühesten chinesischen »Historiker« die alten Mythen stark veränderten und versuchten, das Volk nicht mit zu großen Zahlen zu überwältigen. Auch zu diesem Thema später mehr.

DAS ALTE ÄGYPTEN

Im alten Ägypten werden wir dann wieder mit konkreten Zahlen verwöhnt. Besonders die Zahl eine Million war beliebt. Ein einfacher Strich symbolisierte die Eins, ein Gott (*Heh* [auch *Huh* oder *Hah* genannt] Sinnbild für räumliche und zeitliche Endlosigkeit) eine Million. Ein Frosch stand für die Zahl Einhunderttausend, ein Finger für Zehntausend.

Die alten Ägypter dachten in riesigen Zeitläuften, nicht nur in ein paar Tausend Jahren. Obwohl ihnen unsere »offizielle« Geschichtsschreibung nur eine Kultur zugesteht, die rund 5000 vor Christus begann, mehren sich inzwischen die Stimmen, die die ägyptische Historie weiter zurückverlegen wollen.

Fest steht, die alten Ägypter gestanden ihren Göttern und ihren Herrschern gewaltige Zeiträume zu. In dem sogenannten Haus der Millionen (oder dem Haus der Millionen von Jahren) wird die Verbindung eines Königs mit einer mächtigen Gottheit (wie Amun-Re oder Osiris) dargestellt, die die Existenz und das Fortleben eines Königs angeblich für die nächsten Millionen Jahre sicherstellen sollte. Es gab viele dieser Millionenjahrhäuser.[6]

Innerhalb einer bestimmten Zeitperiode flocht man in manche Anreden gern die Zahl Million ein. Der Segenswunsch lautete, dass der Pharao Millionen Jahre leben möge.

Ägyptische Priester aus dem 3. Jahrhundert vor Christus verwiesen auf das sagenhafte Atlantis, das angeblich vor rund 9000 Jahren untergegangen sei – nach heutiger Zeitrechnung also vor etwa 11 500 Jahren.

Und es gab nicht nur ausführliche Königs- und Pharaonenlisten, sondern sogar Aufzeichnungen über ganze Generationen von Priestern.

Herodot, ein griechischer Geschichtsschreiber, berichtet, dass die Ägypter der Annahme anhingen, einst hätten Götter die Erde beherrscht, konkret vor 345 (Priester-)Generationen. Setzt man die Dauer eine Generation mit 25 Jahren an, so sprechen wir hier allein von 8625 Jahren!

Bekannt wurde vor allem der ägyptische Priester Manetho, der präzise Pharaonenlisten erstellte und den Göttern, die seiner Meinung nach vorher das Zepter in der Hand gehalten hatten, 13 900 Jahre Herrschaft zubilligte.[7]

Manetho schrieb eine umfangreiche *Ägyptische Geschichte*, die allerdings verloren ging – und zwar bei dem berühmten Brand der Bibliothek von Alexandria, im Jahre 48 vor Christus. Heute existieren nur noch einige Fetzen dieser *Ägyptischen Geschichte*, es existieren nur Abschriften von Abschriften, die zum Teil von christlichen Priestern angefertigt wurden. Aus verständlichen Gründen fälschten die christlichen Priester den Ursprungstext, sie veränderten ihn, »ergänzten« nach Belieben und fabulierten frei drauflos.

Spätere Autoren, die sich auf Manetho beziehen, berichteten trotz all dieser verfälschenden Veränderungen von altägyptischen göttlichen Dynastien, konkret von sechs Herrscher-Gottheiten.

Wie man es auch dreht und wendet, auf diese Art gelangt man zu vollkommen anderen Zeitvorstellungen von der ägyptischen Geschichte, zumal auch die Götter sehr lange lebten. Von *Toth*, dem Gott der Schreiber und Wissenschaftler, wird berichtet, er habe 3000 Jahre regiert. Ein Gott!

Immer wieder verwiesen die Ägypter jedenfalls auf lange zurückliegende Urzeiten und auf alle möglichen Götter, besonders auf den Sonnengott *Re*, auch auf die Sonne und auf andere Sternengebilde wie das Sirius-System, von dem einstmals – vor langer, langer Zeit – Außerirdische/Götter nach Ägypten gekommen seien.

Auch im alten Ägypten werden wir später noch mit mehr als einer Überraschung aufwarten.

Das alte Griechenland

Griechenland könnte man in diesem Kontext ebenfalls zitieren, denn hier berichtete man über ganze Genealogien von Göttern und Halbgöttern. *Vor* Zeus und *vor* dem Unterweltgott Hades gab es Götter.

Und so müssen wir im Falle Griechenlands und Ägyptens festhalten, dass die Zeitvorstellungen und die Vorstellungen über die Ereignisse in den »Urzeiten« ganz anders aussahen als Darwinisten es annehmen würden. Von einem primitiven Zeitalter mit Affenmenschen ist nie die Rede, dafür von Riesen, unglaublichen Fähigkeiten und übermenschlichen Talenten.

Umgekehrt wird ein Schuh daraus.

Andere Hochkulturen

Nun könnte man noch viele andere Hochkulturen in den Zeugenstand rufen: die alten Germanen, die Inka, die Maya, verschiedene Indianerstämme und die Aborigines in Australien, die auf eine Geschichte zurückblicken, die ihrer Ansicht nach viele Millionen Jahre alt ist und die von den fantastischsten Geistern und Gottheiten berichtet.

Aber man würde doch immer nur feststellen, dass erstens die beschriebenen Zeitspannen viel umfassender sind, als es die gegenwärtige Archäologie »erlaubt«, und dass zweitens die Urgeschichte ganz anders verlief, als es uns unsere heutigen Lehrbücher suggerieren.

Inzwischen geraten selbst die orthodoxen Mainstream-Archäologen ins Schwitzen. Kürzlich grub man etwa auf türkischem Boden neue Beweisstücke aus, die ganz zweifelsfrei auf eine noch viel frühere Hochkultur verweisen als die, die wir bislang kennen.

Fachleute schätzen diese Funde auf ein Alter von 12 000 Jahren, während man bislang den Hochkulturen gewöhnlich maximal 6000 bis 8000 Jahre zugestanden hat. Die Zeitspanne erweitert sich demnach sogar unter den Mainstream-Archäologen ständig. Der deutsche Archäologe Dr. Claus Schmidt leitete diese Ausgrabungsarbeiten in der Türkei, die eine neue, bedeutende Zivilisation zum Vorschein brachte. Die Vorstellung, es habe vor 12 000 Jahren keine Hochzivilisationen gegeben, sondern nur Jäger, kaum Getreidebauern und keine größeren Städte, änderte sich schlagartig, sie musste korrigiert werden.

Außerdem musste man notgedrungenermaßen von der bisherigen Zeiteinteilung Abstriche machen, die alles so schön in verschiedene Kästchen sortiert hatte.

KARAHAN TEPE UND GÖBEKLI TEPE

Gehen wir hierauf noch näher ein. An zwei Orten in der Türkei machte man im 21. Jahrhundert die unglaublichsten Entdeckungen: bei Karahan Tepe und bei Göbekli Tepe.

Karahan Tepe ist eine Art Schwestersiedlung zu Göbekli Tepe – es bezeichnet nur eine anderen Ausgrabungsstätte und einen anderen Ort. Beide Stätten beschreiben die gleiche Kultur: Riesenhafte T-förmige Pfeiler wurden freigelegt, ferner Pfeiler mit den erstaunlichsten Tierfiguren.[8] Doch all die Entdeckungen in Karahan Tepe und Göbekli Tepe im Detail zu beschreiben, bringt nichts. Kurz gesagt kam eine Hochkultur zum Vorschein, die die Archäologen in aller Welt in Erstaunen versetzte. Sechshundert kleine Funde bewiesen nicht nur einen hohen Zivilisations-Standard, sondern auch das Alter. Besondere Strukturen der Gemäuer, Obelisken, Tierskulpturen und bautechnische Fertigkeiten, die es doch »eigentlich« nicht hätte geben dürfen, kamen ans Licht. Das alte Bild, der Mensch habe sich langsam – zu genau festgelegten

Zeiten – vom Jäger zum Ackerbauern gewandelt, geriet ins Wanken. Die schön zusammengebastelte Höherentwickelung wurde als Lüge enttarnt. Im Falle dieser beiden Ausgrabungsstätten rechnet man sogar damit, dass noch viele weitere Überraschungen folgen werden. Vielleicht lebten hier gar bis zu einer Million Menschen – eine Zahl, die noch im 20. Jahrhundert belächelt worden wäre.

Ähnliche Überraschungen erwarteten einige Taucher in japanischen und indischen Gewässern, wo ebenfalls hochentwickelte Stadtstrukturen und Bauten entdeckt wurden. Auch sie waren viel älter, als sie es hätten sein dürfen.

Das aber bedeutet im Klartext: Unser Geschichtsbild wandelt sich im Moment massiv. Doch niemand wagt es offenbar – trotz erdrückender Beweise –, öffentlich an dem althergebrachten Bild der Evolution zu rütteln. Unserer Meinung nach ist es an der Zeit, die Urgeschichte der Menschheit umzuschreiben.

Ausblick

Sogar in einigen doktrinär-archäologischen Zirkeln beginnt man vorsichtig umzudenken. Man stimmt nicht mehr mit allem überein, was uns im 19. und 20. Jahrhundert vorgebetet worden ist. Man beginnt, auf Stimmen zu hören, die vorher als »esoterisch« oder »utopisch« abgetan wurden. Man fängt an, die alten Legenden ernster zu nehmen.

Längst gibt es Archäologen, die mit der neuen Denkart Furore machten. Erinnern wir nur an Heinrich Schliemann, der Homers Erzählungen wörtlich nahm und daraufhin Troja entdeckte – eine wissenschaftliche Heldentat, die bis heute als Triumph gefeiert wird. Er entdeckte uralte Gräber griechischer Könige und geriet zu einer Gallionsfigur der Archäologie, obwohl er zuvor von deren »Autoritäten« bis aufs Messer bekämpft worden war. Einige hatten gar versucht, seinen Ruf zu ruinieren.

Sogar unter ägyptischen Archäologen gibt es bereits Strömungen und Stimmen, die darauf beharren, dass die alten Legenden ernster genommen werden müssen. Sie untersuchen die Mythen genauer und entdecken immer wieder Fingerzeige, denen nachzugehen es sich lohnt.

Und wir? Sollten wir auf ewig sklavisch eine Theorie aus dem 19. Jahrhundert nachbeten? Eine Theorie, die uns diktiert, dass wir vom Affen abstammen? Die uns glauben macht, dass die letzten zwei Millionen Jahren lediglich ein schäbiges Tier-Experiment waren?

Was wäre so katastrophal an der Hypothese, dass all die Tausenden von Legenden über die Götter einen wahren Kern besitzen?

Zugegeben, man müsste die Urgeschichte völlig neu- und umschreiben.

In diesem Fall würden wir von den erstaunlichsten Talenten erfahren, von Königen, Göttern und Halbgöttern. Wir würden anfangen, in gewaltigen Zeiträumen zu denken. Wir würden das Menschengeschlecht nicht mehr als ein armseliges Gewürm betrachten, das sich nur mit Mühe »nach oben« entwickelt hat.

Was wäre daran auszusetzen?

Kommen wir ein letztes Mal auf Darwin zu sprechen, und decken wir die wahren Gründe auf, warum wir nicht längst das Buch über ihn zugeklappt haben.

3. Der Tod einer Wissenschaft

Man gestatte uns eine Wiederholung: Es ist ausgesprochen abenteuerlich, was – unsere entfernte Vergangenheit betreffend – so alles zusammenfantasiert wird.

Betrachtet man einmal vorurteilslos all die menschlichen und äffischen Skelette und Knochen, die ständig ausgegraben und stolz zur Schau gestellt werden, und hört man sich dazu die völlig unterschiedlichen Interpretationen der »Wissenschaftler« zu diesen Knochenfunden an, glaubt man, man befinde sich in einem Irrgarten.

Die Wissenschaftler behaupten heute dies und morgen das, sie widersprechen sich ständig und bekämpfen sich teilweise bis aufs Blut. Sie versorgen uns mit so vielen unbewiesenen Behauptungen, dass man nur den Kopf schütteln kann. Andauernd ändern sie ihre Meinung über ihre Funde. Längst sind die unglaublichsten Fälschungen bekannt geworden, was alte Knochen und Skelette angeht – wir haben auch darauf bereits aufmerksam gemacht.

Die »Wissenschaft«, die sich mit diesem Fachgebiet, sprich diesen uralten Knochen, auseinandersetzt, nennt sich hochtrabend Paläoanthropologie. Im Altgriechischen bedeutet *palaios* = »alt«, das Wort *anthropos* = »Mensch« und *logie/logos* in diesem Zusammenhang so viel wie die »Lehre von etwas«. Übersetzt meint es die »Lehre oder die Wissenschaft vom Menschen, wie er in Urzeiten auftrat«. Im Mittelpunkt dieser Disziplin stehen meist Untersuchungen ausgestorbener, angeblicher Vorläufer des Menschen.

Man behauptet innerhalb dieser zweifelhaften Wissenschaft steif und fest, dass der Mensch vom Affen abstamme.* In zahlrei-

* niemand bei Verstand behauptet das!

chen Lehrbüchern wird darauf hingewiesen, dass sich der Mensch von einer Affenart immer höher und höher entwickelt habe.

Untermalt wird das Ganze gewöhnlich mit Schaubildchen, die uns suggerieren, dass unsere Vorfahren einst ... Affen gewesen seien.

Die angebliche Höherentwicklung des Menschen, vom Affen bis zum heutigen Homo sapiens sapiens.

Um diese These aufrechtzuerhalten, werden die verschiedensten Stufen zwischen Affe und Mensch angenommen. Sie werden mit beeindruckenden lateinischen Namen belegt, die uns vor Ehrfurcht erstarren lassen. Denn kaum jemand kann diese Namen auf Anhieb übersetzen, wenn er nicht selbst Paläoanthropologe ist oder zumindest Archäologe.

Dabei gibt es in Wahrheit zwölf überzeugende Argumente, die schlüssig beweisen, dass es sich bei der Paläoanthropologie nur um eine Pseudowissenschaft handelt, um einen Schwindel.

Vielleicht wird diese Behauptung Aufruhr an einigen Universitäten entfachen. Möglicherweise wird man uns angreifen und beschimpfen. Das würde uns nicht weiter verwundern, denn innerhalb dieser Schwindel-Wissenschaft wird ein Ausreißer, der eine

Meinung äußert, die der offiziellen Lehrmeinung widerspricht, häufig geschmäht, geschnitten und ins Abseits manövriert. Doch lassen wir zunächst die Fakten sprechen.

DIE ANGEBLICHE HÖHERENTWICKLUNG UND DAS GRUNDVOKABULAR

Jedes Fachgebiet beruht auf einigen wenigen Annahmen oder Axiomen, also auf einigen wenigen Lehrsätzen. Lassen sie sich umstoßen, zerfällt oft das gesamte Fachgebiet und löst sich in Rauch auf. Weiter benutzt es in der Regel ein Grund-Vokabular, wie man das nennen könnte. Kann man mit den wichtigsten Vokabeln souverän um sich werfen, wird man als Experte auf diesem Gebiet angesehen.

Fachbegriffe, die man nicht kennt, behindern andererseits den Einstieg und das Urteil über eine Disziplin. Klärt man jedoch diese grundlegenden Wörter, kann man rasch ein erstaunlich kompetentes Urteil über viele Behauptungen abgeben.

Zu dem grundlegenden Vokabular der Paläoanthropologie gehört beispielsweise das Wort **Evolution**. Es bedeutet, dass einst eine Entwicklung, genauer gesagt eine Höherentwicklung, vom Affentier zum Menschen stattgefunden hat. Es bedeutet sogar noch viel mehr, nämlich, dass sich angeblich aus einfachsten Lebewesen, aus Einzellern, immer höhere und höhere Formen des Lebens entwickelt hätten ... bis hin zum Affen und Menschen. Der Affe habe schließlich gelernt, aufrecht zu gehen, seinen Verstand zu benutzen, Steinwerkzeuge herzustellen und so fort. Dabei habe er kontinuierlich sein Aussehen in Richtung Mensch verändert – genauer gesagt in Richtung einer bestimmten Affenart.

Schließlich sei aus dieser Affenart zunächst der *Australopithecus* entstanden, eine Art Vormensch.

Oh, wie chic hört sich das an! *Australopithecus*. Lat. *australis* =

»südlich« (der erste Fundort war Südafrika, im Jahre 1925) und *pithekos* = »Affe«. *Australopithecus* bedeutet also »südlicher Affe«, wobei man zugeben muss, dass sich der Begriff *Australopithecus* erheblich beeindruckender anhört.

(Wir verschweigen an dieser Stelle, dass inzwischen sogar noch frühere Formen zwischen Mensch und Affe angenommen werden.)

Wieder hieraus habe sich der *Homo habilis* entwickelt. *Homo* = »Mensch«, *habilis* = »geschickt, fähig, begabt«. Im Jahre 1964 wurde dazu der erste Knochen entdeckt.

Aus dem *Homo habilis*, dem »geschickten Menschen«, sei schließlich der *Homo erectus* hervorgegangen, der aufrechtstehende oder »aufgerichtete Mensch«, wie die Übersetzung lautet. 1894 wurden in Asien die ersten diesbezüglichen Funde gemacht.

Und schließlich habe der *Homo sapiens* das Licht der Welt erblickt, der intelligente Mensch der Jetztmensch, der »vernünftige Mensch« – angeblich die einzige überlebende Gattung des Menschen.

Als *Homo sapiens sapiens* bezeichnet man den »besonders klugen Menschen«. Doch manchmal wird diese Bezeichnung auch verworfen und als veraltet angesehen. Man würde damit den letzten Sprung in puncto Intelligenz bezeichnen.

Wir kennen diese Fachbegriffe bereits aus dem vorletzten Kapitel.

Natürlich gibt es weit mehr Fachbegriffe: Der *Homo heidelbergensis* etwa bezeichnet eine ausgestorbene Art der Gattung *Homo*, der angeblich aus dem *Homo erectus* hervorgegangen ist. Da die Knochen in der Nähe von Heidelberg gefunden wurden, erklärt sich der Name von selbst.

Der Begriff Neandertaler (*Homo neanderthalensis*) geht ebenfalls auf den Fundort zurück – das Neandertal, ein Tal in Nordrhein-Westfalen – er entstand ebenfalls angeblich aus dem *Homo erectus*, starb aber angeblich auch aus.

Selbst Steinwerkzeuge wurden mit den verschiedensten griechischen Namen belegt. So versteht man unter einem **Eolithen** einen abgebrochenen Feuerstein, eine Art Kieselstein. *Eos* = »Morgenröte«, *lithos* = »Stein« im Altgriechischen. Genauer gesagt sind Eolithen natürlich gebrochene Steine mit einer oder mehreren vorsätzlich veränderten Kanten. **Neolithen** bezeichnen die fortschrittlichsten Steinwerkzeuge.

Hinzu kommen Fachausdrücke aus der Erdgeschichte: Das **Eozän** beispielsweise beschreibt ein Zeitalter, das vor etwa 56 Millionen Jahren begann und vor etwa 34 Millionen Jahren endete. Noch einmal: griech. *eos* = »Morgenröte«, *kainos* = »neu«.

Nun stellen Sie sich folgenden Satz vor, den Ihnen ein Professor der Paläoanthropologie entgegenwirft: »Alle Paläoanthropologen sind sich einig, dass eine bestimmte Abart des *Australopithecus*' aufgrund der Neuentdeckung einiger Eolithen – nicht zu sprechen von Neolithen, weit nach dem Eozän – mehr mit einer bestimmten Abart und Untergattung des *Homo neanderthalensis* gemeinsam hat als mit dem *Homo erectus*, was ein völlig neues Licht auf den *Homo heidelbergensis* wirft, was wiederum zu einer völligen Neuevaluation der Entstehung des *Homo sapiens sapiens* führt.«

Der Satz ist natürlich ein völliger Unsinns-Satz und wurde hier nur als Beweis dafür zitiert, wie schnell Sie aus dem Rennen geworfen werden können, wenn Sie solch ein Fachkauderwelsch nicht kennen.

Und stellen Sie sich weiter vor, ein Nichtakademiker, dem diese Fachausdrücke völlig unbekannt sind, hört diesen Satz. Er wird vor Ehrfurcht zur Salzsäule erstarren und denken, dass er selbst ein absoluter Dummkopf sei und gewiss nicht mitreden könne. Er wird sich aus der Diskussion heraushalten und das Feld den »Gelehrten« überlassen.

Und das ist auch schon der ganze Trick.

Sobald Sie diese Methode einmal durchschaut haben, zerplatzen viele Seifenblasen direkt vor Ihren Augen. Einige Autoritäten, vorher so groß wie Riesen, schrumpfen zu Zwergen zusammen. Die ganze Welt wird heller und verständlicher, denn Sie lassen sich von diesem billigen Hokuspokus nicht mehr an der Nase herumführen.

Sie beginnen, besser zu leben und Ihre eigene Urteilskraft höher einzuschätzen als den gesamten Zinnober der sogenannten gelehrten Welt.

Noch einmal: Die Evolutionstheorie

Sollen wir die Evolutionstheorie noch weiter ausführen? Es lohnt sich kaum. Nur noch so viel: Die Knochenfunde werden mit zahlreichen Fremdwörtern bestimmten Perioden zugewiesen. Dabei wird alles mit einem künstlich aufgeblasenen Fachvokabular zugekleistert, das nur Eingeweihte durchdringen können ... es sei denn, jemand ist so schlau und schlägt die Wörter nach, klärt sie sorgfältig und ist somit gewappnet, seinen eigenen Verstand zu gebrauchen.

Diese Theorie behauptet, vor etwa 7 Millionen Jahren habe angeblich die Evolution des Menschen begonnen. Schimpansen und Vormenschen hätten einen gemeinsamen Vorfahren besessen. Der Mensch habe schließlich einen aufrechten, zweibeinigen Gang angenommen, der Gesichtsschädel habe sich verkleinert, das Gehirn vergrößert und mit der Zeit habe er Sprache und Kultur entwickelt.

Über verschiedene Zwischenschritte – *Australopithecus* – *Homo habilis* – *Homo erectus* – *Homo sapiens* – habe sich der Jetztmensch entwickelt.

»Bewiesen« wird diese Theorie nicht nur durch ein paar wenige, alte Knochen, sondern auch durch scheinbar logische, scharfsinnige Beobachtungen wie ..., dass endlich die freien, fünffingrigen Hände des Menschen andere, neue Aufgaben hätten übernehmen können, dass die höhere Position der Augen die Landschaft besser zu überblicken vermocht habe und dass der aufrechte Gang vor

Überhitzung Schutz geboten hätte. Denn auf diese Weise habe der Mensch der Sonneneinstrahlung weniger Fläche dargeboten, als wenn er wie ein Affe auf allen Vieren vorangehüpft wäre.

Pseudologik! Es gibt weit ausgeprägtere Hände im Tierreich als die des Menschen – der Maulwurf etwa hat zwölf Finger. Nicht zu reden von dem Vorteil zahlreicher Arme, die einige Tiere besitzen, man denke nur an den Oktopus. Diese Tiere müssten also theoretisch viel intelligenter sein als der Mensch!

Die höhere Position der Augen dagegen hätten der Giraffe unendliche Ausbreitungsmöglichkeiten bieten müssen, so dass die Welt heute nicht von Menschen, sondern von Giraffen beherrscht wäre.

Das Argument der Überhitzung ist ebenso hirnrissig. Denn dann müssten Fische den größten Vorteil haben und wären zur Krone der Schöpfung aufgestiegen. Gar nicht davon zu reden, dass es zahlreiche Tiere gibt, die gegen die höchsten Temperaturen längst andere Schutzmechanismen der Hitzetoleranz entwickelt haben.

Und schließlich: Die Fortbewegung auf allen Vieren ist der Fortbewegung auf zwei Beinen deutlich überlegen, sie ist schneller, effektiver und einfacher.

Noch einmal: Scheinlogik, Pseudologik unterfüttert die Vorstellung von der Höherentwicklung mit allerlei Argumenten, die man jedoch leicht zerpflücken kann, wenn man nur etwas Hirn besitzt.

Das ganze Paket wird nun noch mit ein paar beeindruckenden Jahreszahlen versehen, so dass man ehrfürchtig erschauert vor diesen zeitlichen Dimensionen. Der Paläoanthropologe spricht mit der größten Selbstverständlichkeit und lässig von ein paar Millionen von Jahren. »Donnerwetter!«, denkt man.

Verschwiegen wird, dass sich diese Jahreszahlen unaufhörlich ändern und wieder korrigiert werden müssen. Ständig geben neue Funde zu völlig neuen Sichtweisen und Zeitbestimmungen Anlass.

Ab und zu werden noch ein paar bildliche, komplett erfundene Darstellungen hinzugefügt, oder man möbelt vielleicht noch einen Totenkopf auf. Überzeugend wirken auch die Hinweise auf Ausgrabungsstätten, deren Zahl freilich so gering ist, dass sie eigentlich nicht als Beweismittel für eine so lange Zeitspanne herangezogen werden dürften. Mit all diesen Methoden hat man schließlich eine hübsche neue Wissenschaft.

Was jedoch ist die Wahrheit?

Nun, diese Evolutionstheorie ist so an den Haaren herbeigezogen und so offensichtlich falsch, dass man nur staunen kann, warum das Menschengeschlecht sie nicht längst als Humbug abgetan hat und es sich so lange schon an der Nase herumführen lässt.

Es gibt spezifische Gründe dafür. Schlagen wir also endlich zu und nennen wir die Ursachen beim Namen.

12 Gründe für die Pseudowissenschaft der Paläoanthropologie

Grund 1: Konfusion durch Fremdwörter

Den ersten Grund haben wir bereits etabliert. Indem die Sachlage möglichst unverständlich und kompliziert dargestellt wird, erlaubt man es rund 99 Prozent der Menschheit nicht, sich ein eigenes Urteil zu bilden. Otto Normalverbraucher versteht den Text einfach nicht. Und selbst ein Akademiker, der es gewohnt ist, mit komplizierten Vokabeln umzugehen, kennt selten oder nie das gesamte Fachvokabular der Paläoanthropologen. Also wird er sofort schachmatt gesetzt. Er hört auf zu denken. Er kann nicht mitreden und flieht vor der gesamten Disziplin.

Viele Akademiker anderer Fächer befleißigen sich heute des gleichen Tricks, nicht nur der Paläoanthropologe ist schuldig zu sprechen.

Selbst Theologen bedienen sich dieser Methode. Erinnern wir uns nur daran, dass die Bibel bis zum 16. Jahrhundert den Gläubigen *nicht* in deutscher Sprache zur Verfügung stand – es gab fast nur lateinische Ausgaben, von griechischen Fragmenten abgesehen. Auf diese Weise konnte das Volk in Bezug auf die Heilige Schrift für dumm verkauft werden, denn nur Gelehrte verstanden Latein. Nur Priester konnten die Bibel interpretieren und zitieren. Auch damit wurde Wissen vorenthalten, bis Luther dem ein Ende setzte.

Desselben Tricks befleißigen sich heute generell Wissenschaftler: Nur ihnen ist es offenbar erlaubt, sich ein Urteil zu bilden, der Rest der Menschheit besteht aus Dummköpfen, die ihren Interpretationen zuhören müssen; sie müssen auf die Knie fallen, wenn Wissenschaftler ihre Weisheiten von sich geben.»Wissenschaft!«, tönen sie. Simsalabim! Und verfügen sofort über einen Zauberstab, der sie selbst in unfehlbare Wesen verwandelt. Schon haben alle demütig zu ihnen aufzuschauen.

Grund 2: Autoritätsgläubigkeit

Eng im Zusammenhang damit steht die Methode, sich als Autorität aufzuplustern. Dazu gehören der Doktortitel, der Professorentitel, das renommierte Institut oder die Universität, der man angehört, und generell das Image eines Gelehrten.

Das ist ein eigenes Spiel. Wird versucht, es im Film zu karikieren, so gehört dazu die Nickelbrille auf der Nase und im Fall des Arztes der weiße Kittel und das Stethoskop. Man braucht sich also nur zum Experten aufzuschwingen und schon wird man Leithammel. Auch ein paar zusätzliche staatliche Titel, Berufsbezeichnungen und Auszeichnungen schaden nicht. Renommierte Preise, die man bekommen hat und die oft nur von Insidern untereinander ausgetauscht werden, besorgen den Rest.

Doch nichts ist für den denkenden Menschen gefährlicher, als in seinem intellektuellen Umfeld unbesehen Autoritäten zu akzeptieren, statt sich selbst ein Urteil zu bilden. Die Autoritätsgläubigkeit wird uns schon als Kleinkind eingehämmert. Später wird sie uns wieder abgewöhnt, sobald wir die Pubertät erreichen, und dann wieder aufgepfropft, wenn wir die Universität besuchen.

Innerhalb der verschiedenen Fachrichtungen geht das Spiel weiter: Es gibt Nobel-Universitäten und Nobel-Institute, die anderen Hochschulen und Instituten in Sachen Image weit überlegen sind, man denke nur an Harvard oder Oxford. Dazu gibt es ungeschriebene Hierarchien innerhalb jeder Fachrichtung, die mit der Anzahl der Publikationen in verschiedenen renommierten Fachzeitschriften oder mit Forschungsgeldern im Zusammenhang stehen. Natürlich handelt es sich bei Licht betrachtet um eine Komödie. Das Spiel heißt immer Image, Image, Image.

Deshalb kann man auch in der Paläoanthropologie die heftigsten Kämpfe beobachten. Man wertet sich wechselseitig ab, bezweifelt die Integrität eines Forschers, flickt sich bei den wissenschaftlichen Methoden ans Zeug oder widerspricht ganz einfach. Man schneidet einen Kollegen, torpediert seine Veröffentlichungen in wichtigen Fachzeitschriften, mäkelt an seinem Ruf herum und bedient sich Schwarzer-Propaganda-Methoden. Da die Paläoanthropologie keine echte Wissenschaft ist, ist es ein Leichtes, eine neue Theorie aus dem Hut zu zaubern, einen neuen Stammbaum des Menschengeschlechtes aufzustellen und sich gegenseitig das Leben schwer zu machen. Die zum Teil bis heute andauernden Kämpfe innerhalb dieser »Wissenschaft« – teilweise ungesehen hinter den Kulissen und unbemerkt von der Öffentlichkeit – wurden nie sauber aufgearbeitet.

Wissenschaftler, die nicht nach Darwins Pfeife tanzen und anderer Meinung sind als das Establishment, werden gewöhnlich geschnitten – wodurch Wahrheit und Objektivität auf der Strecke bleiben.

Grund 3: Mangelnde Beweise

Kurz gesagt mangelt es der Paläoanthropologie an Beweisen. Die Anzahl der Skelette ist in vielen Fällen dürftig. Theoretisch müssten zehntausendfach Beweise existieren, die den Übergang vom *Australopithecus* zum *Homo habilis* anzeigen, oder vom *Homo habilis* zum *Homo erectus* und von diesem zum *Homo sapiens*. Aber sie existieren einfach nicht. Nicht einmal für diese vier grundlegenden Ausformungen liegt genügend Beweismaterial vor.

Für rund 250 000 Generationen in vier Millionen Jahren gibt es nur etwa dreihundert Knochenfragmente, die circa fünfzig Menschen zugeordnet wurden. Auf dreihundert Generationen kommt damit ein einziger fragmentarischer Knochenfund, stellte der Forscher Hans-Joachim Zillmer fest.

Hinzu kommt: Man findet zwar zuhauf Menschen- *oder* Affenskelette, aber Knochen, also Übergangsformen, die die Evolutionstheorie hieb- und stichfest belegen, fehlen. Fix spricht man von einem *Missing link*, einem fehlenden Bindeglied, obwohl das nichts als eine faule Ausrede ist. Wo sind all die Beweise für die Übergangsformen?

Grund 4: Falsche Zuweisungen

Nicht selten werden im Nachhinein bestimmten Homo-Exemplaren, also Skeletten, neue Namen gegeben und sie in ein anderes Kästchen einsortiert. Mehr als einmal degradierte ein Wissenschaftler ein Skelett, das gestern noch als *Australopithecus* bezeichnet worden war, zum Skelett eines Affen.

Der Streit unter den Gelehrten, was im Einzelfall ein *Homo erectus* oder was genau ein Neandertaler und so weiter ist, tobt bis heute.

Die Paläoanthropologen widersprechen sich permanent selbst.

Grund 5: Fälschungen

Bereits in früheren Veröffentlichungen haben wir darauf aufmerksam gemacht, wie häufig innerhalb der Paläoanthropologie »Beweise« schlicht gefälscht wurden. Mittlerweile ist mehrfach die Tatsache bekannt geworden, dass ein halber Affenschädel (oder ein anderer Tierknochen) mit einem halben Menschenschädel zusammengeklebt und vergraben wurde, den eine Koryphäe dann »entdeckte«. Da diese »Entdeckungen« Reputation versprechen, weil die Weltpresse sich gern auf solche Storys stürzt und in der Folge oft Fördergelder vergeben werden, datierten sogar Professoren Schädel willkürlich oder fälschten sie sogar zurecht.

Wie viele Fälschungen oder willkürliche und bewusst falsche Zuweisungen in unseren Museen existieren, lässt sich nur vermuten. Raten wir: 30 Prozent?

Grund 6: Auslassungen und Unterschlagungen

Als Darwins Theorie langsam populär wurde und sich immer mehr Menschen dafür begeisterten, dass der Mensch vom Affen abstamme und sich über bestimmte Zwischenschritte nach oben entwickelt habe, schrieb man die Evolutionstheorie in vielen Lehrbüchern fest. Alles, was nun nicht mehr in diese Theorie hineinpasste, wurde beiseitegeschoben. Deshalb diskreditierten viele »Experten« die Funde, die nicht in das vorgegebene Schema passten.

Dabei gab es eine Menge Funde, die etwas anderes erzählten: So entdeckte man etwa im amerikanischen Philadelphia einen sauber zugeschnittenen Marmorblock, der viele Millionen Jahre alt sein musste – was jedoch nicht in die Evolutionstheorie passte. Man fand einen Goldfaden in einem kohlehaltigen Stein in England, der rund 340 Millionen Jahre alt war, ferner Metallvasen in

Massachusetts, USA, mit einem geschätzten Alter von sechshundert Millionen Jahren.

Eigentlich hätten zu diesem Zeitpunkt noch keine Menschen existieren dürfen – streng nach Darwin geurteilt – und damit auch keine zurechtgeschnittenen Marmorblöcke, Goldfäden oder Metallvasen.

In Frankreich fand man einen perfekt gerundeten Kalkball, dessen Alter auf 45 bis 55 Millionen Jahre geschätzt wurde; in Illinois, USA, sogar einen münzähnlichen Gegenstand und zwar in Ablagerungen, die zwischen 200 000 und 400 000 Jahren alt waren (vgl. die bereits zitierten Autoren Zillmer und Cremo). Münzen, so die etablierte Wissenschaft, dürfen jedoch frühestens ab dem 8. Jahrhundert vor Christus existieren! Diese Meinung verfechten fast alle Establishment-Historiker.

Doch längst sind ältere Münzen aufgetaucht.

Man entdeckte außerdem eine Tonfigur im US-amerikanischen Idaho, deren Alter auf zwei Millionen Jahre geschätzt wurde. Das heißt, schon damals müssen Künstler und intelligente Menschen am Werk gewesen sein; denn die Kreation dieser filigranen Figur kann man gewiss nicht dem plumpen *Australopithecus* zurechnen.

Eine ganze Kette fand sich in Kohlenschichten in Illinois, USA, mit einem geschätzten Alter von 260 bis 320 Millionen Jahren. Doch damals gab es ja noch keine Menschen, die Ketten hätten herstellen können! Oder doch?

In Iowa, USA, entdeckte man uralte, gemeißelte Steine, im amerikanischem Oklahoma einen Eisenbecher – und zwar in Schichten, die 312 Millionen Jahre alt waren. Der Finder gab eine eidesstattliche Erklärung ab, wo er den Eisenbecher gefunden hatte.

Sogar eine versteinerte Schuhsohle wurde in einem rund 230 Millionen Jahre alten Felsen in Nevada bekannt.

In Südafrika stieß man auf Metallkugeln mit einem Alter von 2,8 Milliarden Jahren und in Frankreich Metallrohre – in 65 Millionen Jahre alten Schichten.[9]

Zudem kamen Knochen des *Homo sapiens* zum Vorschein, in Schichten, die auf ein Alter von 3 bis 4 Millionen Jahren schließen ließen, obwohl der *Homo sapiens* doch »eigentlich« nicht älter als 300 000 Jahre sein dürfte – das maximale Alter, das ihm die Darwinisten zugestehen.

Wie ließ sich das erklären? Das warf doch die gesamte Evolution über den Haufen. Was unternahm man?

Man schwieg diese Tatsachen tot. Alles wurde abgebügelt. Es wurde für nicht existent erklärt. Den Findern unterstellte man alles Mögliche, selbst wenn es sich um honorige Zeitgenossen handelte. Die unangenehmen Funde wurden einfach beiseitegeschoben, denn sie passten nicht in das hübsche, neue darwinische Weltbild. Man hätte ja einfach alles umwerfen und ausradieren müssen, auch zahlreiche Schaubilder, die eine systematische Höherentwicklung des Menschen suggerierten.

Doch diese Funde bewiesen klipp und klar, dass es auf der Erde schon erheblich früher Hochkulturen gegeben hatte, als es manche Wissenschaftler wahrhaben wollten.

Aber da solche Überlieferungen einfach nicht in das Konzept passten und man es niemandem erlaubte, in dieser neuen, schönen Wissenschaft herumzupfuschen, verschwieg man in den wichtigen Publikationen diese Funde. Man wollte sich nicht in die Suppe spucken lassen. Diese Funde, die eine andere Geschichte erzählten, waren offiziell inexistent.

Doch wenn wichtige Beweismittel einfach beiseitegeschoben werden, so steht die gesamte Evolutionstheorie auf dem Spiel.

Denn auch Auslassungen sind eine Lüge.

Grund 7: Fehlende Qualifikationen

Hält man sich vor Augen, dass es in den »Urzeiten« der Erde über 6000 Affenarten gab, und realisiert, wie viele unterschiedliche Menschen und Menschenarten heute noch existieren, bekommt man eine Ahnung davon, welche Mammutarbeit bei seriösen Vergleichen zu leisten wäre.

Allein der Vergleich von Zähnen setzt voraus, dass man alle 6000 Affengebisse kennt, ja sogar die Veränderungen zu verschiedenen Zeiten, über Jahrmillionen hinweg; weiter Tausende von unterschiedlichen Gebissen bei allen möglichen Menschenarten, in der Jetztzeit und in längst vergangenen Zeiten. Selbst ein ausgebildeter Zahnarzt wäre damit völlig überfordert. Er müsste sich ja zusätzlich exzellent mit den Zähnen ausgestorbener Tiere auskennen, er müsste ein Experte der Paläozoologie sein.

Bei einem Zeitraum von sieben Millionen Jahren kann man sich leicht ausrechnen, wie schnell man allein bei der Beurteilung von Zähnen an die Grenze des Wissens stößt.

Nun rechne man noch hinzu, dass der menschliche Körper durchschnittlich 206 Knochen besitzt. Jeder Knochen hat Tausende von unterschiedlichen Ausformungen, ja Zehn- und Hunderttausende von Variationen – allein in der Gegenwart, von der Vergangenheit ganz zu schweigen.

Doch die bloße Kenntnis der Knochen reichte für ein fundiertes Urteil nicht aus. Bestimmte Knochen müssten mit anderen Knochen in einem Körper zusammenspielen, sie müssten zueinander in Bezug gesetzt werden, alles müsste harmonieren. Anatomisches Wissen allein wäre nicht genug; man müsste auch en détail über Bewegungsabläufe bei Affen und Menschen Bescheid wissen.

Fügt man hinzu, dass man zudem ein ausgewiesener Experte innerhalb der Archäologie sein müsste, ferner Geologe, Historiker und Prähistoriker, am besten auch gleich Botaniker und Arzt, gelangt man zu einer vorsichtigen Einschätzung, was in puncto unbestechlicher Untersuchungen zu leisten wäre. Und zu einer Einschätzung, was im Umkehrschluss bislang versäumt wurde.

Würden wir an dieser Stelle all die Amateur-Archäologen oder die einseitig ausgebildeten Anthropologen aufführen, schlussfolgerte man sehr schnell, dass in vielen untersuchten Fällen nicht genug Sachverstand vorhanden war und bis heute nicht vorhanden ist.

Grund 8: Das Alter und die Weiterentwicklung der Paläoanthropologie

Hinzu kommt, dass die Paläoanthropologie oder die Prähistorische Anthropologie, wie sie auch genannt wird, im Vergleich zu anderen Wissenschaften ein Jungspund ist. Viele Funde gehen auf das 19. Jahrhundert zurück, als die wissenschaftlichen Methoden noch in den Kinderschuhen steckten, genau wie die Methoden der Archäologie. Zahlreiche alte Skelette, die zum Beweis für Darwins Hirngespinst herangezogen wurden, fand man zu einer Zeit, die man mit einiger Berechtigung als vorwissenschaftliche Periode bezeichnen könnte.

Niemand nähme heute mehr einen Physiker oder Chemiker ernst, der gerade einmal die Methoden bis zum Jahr 1870 kennt.

Grund 9: Die Unzuverlässigkeit der Datierungs-Methoden

Mit dem Thema Datierung sind wir einem der großen Geheimnisse der Paläoanthropologie auf der Spur. Scheinbar bedient sie sich bei der Altersbestimmung eines Skeletts oder eines Werkzeugs unbestechlicher chemischer und physikalischer Analysen. Laboruntersuchungen sind für sie »das Wort Gottes«. Aber all diese

Methoden haben ihre Achillesferse. Ihre Ergebnisse widersprechen sich zum Teil sogar. Jedenfalls sind sie nicht hundertprozentig zuverlässig.

Nehmen wir nur eine Methode genauer unter die Lupe: Die Kalium-Argon-Datierungsmethode, mit der das Alter von Gesteinen bestimmt wird. Den Hintergrund bildet die Beobachtung, dass radioaktives Kalium-40 im Laufe der Zeit zu Argon-40 zerfällt. Je mehr Argon entsteht – ein Element und Edelgas –, desto älter ist eine Probe; so lautet, vereinfacht gesagt, die Gleichung.

In der Theorie hört sich das simpel an, doch in der Praxis sprechen wir bei der Altersbestimmung von Gestein von mehreren Millionen Jahren. In dieser gewaltigen Zeitspanne ist die angesammelte Menge des Argon-40 wirklich äußerst gering. Kleinste Fehler des Chemikers, die zu künstlichem Verlust oder Zuwachs des Argons führen, ergeben bereits eine grob falsche Datierung. Da nur winzige Mengen von Argon-40 den ungefähren Zeitrahmen anzeigen, sind die Altersangaben oft außerdem reichlich verschwommen und ungenau. Wird dieser Zeitraum nun auch noch großzügig von einem Anthropologen »interpretiert«, der einem von ihm ausgegrabenen Skelett ein bestimmtes Alter zusprechen will, färbt sich die Datierung obendrein noch subjektiv.

Nehmen wir zudem an, eine Probe sei etwa durch Wasser verunreinigt, wodurch sich altes und neues vulkanisches Gestein vermischt hätten, und eben dieses verunreinigte Gestein würde nun datiert. Das Ergebnis wäre eine falsche Altersangabe.

Es ist also beileibe nicht unproblematisch festzustellen, wie alt eine bestimmte Gesteinsschicht ist. Es gibt mehrere Unsicherheitsfaktoren: Der Einfluss der Natur über einen Zeitraum von mehreren Millionen Jahren kann nie ganz ausgeschaltet werden, genauso wenig wie der Einfluss innerhalb eines Chemielabors. Hier können ebenfalls Fehler auftreten. Am fragwürdigsten ist allerdings der Einfluss des Interpreten, des Anthropologen, der nur zu gern an seine eigene Theorie (und Jahreszahl, die er a priori annimmt) glaubt und sich von ihr bewusst oder unbewusst beeinflussen lässt.

Bei der Datierung eines alten Knochens geht man im Allgemeinen davon aus, dass sein Alter mit dem Fundort – sprich mit der Schicht, in der er entdeckt wurde – identisch ist und hundertprozentige Rückschlüsse auf sein Alter zulässt. Stillschweigend nimmt man an, dass der Knochen aus der gleichen Zeit stammt, die man der Schicht zugewiesen hat.

Allerdings wird ein alter Knochen gewöhnlich nicht von Wissenschaftlern, sondern von Laien entdeckt. Meist sind es Zufallsfunde. Oft erinnert sich ein Entdecker nicht mehr genau daran, wo er einen alten Knochen ausgegraben hat oder wo er über ihn gestolpert ist. Auch das führt zu Fehlern. Wie schnell kann eine falsche Schicht ins Auge gefasst werden!

Außerdem gibt es noch andere Messmethoden zur Altersfeststellung, wie die Karbon-14-Datierung oder Stickstoff-, Fluor- und Urangehaltsanalysen. Aber obwohl die Öffentlichkeit glaubt, sie seien perfekt, sind sie das eben nicht. Der Laie ahnt von den Unsicherheitsfaktoren nichts. Er glaubt unbesehen einem Laborbefund.

Manche Labore wurden bereits der gezielten Auslassung von Informationen beschuldigt: Passte eine Altersangabe nicht ins Konzept eines Wissenschaftlers, der die Datierung in Auftrag gegeben hatte, fiel eine unpassende Datierung auch schon einmal unter den Tisch. Und: Auch Laborinhaber und Chemiker sind nicht frei von »Gefälligkeits-Analysen«.

Kritiker fordern deshalb immer lauter, dass zumindest drei unterschiedliche Datierungsmethoden angewendet und mehrere Labore beauftragt werden sollten, um alle möglichen Zufälle auszuschließen. Von Fälschungen wollen wir nicht noch einmal sprechen, obwohl auch die vorkommen.

Bis heute widersprechen sich Forscher hinsichtlich des Alters bestimmter Knochen, und bis heute sind neu vorgenommene

Datierungen zur Überprüfung eines Sachverhalt nicht immer identisch mit den Ergebnissen älterer Analysen.

Grund 10: Probleme der Geologie

Auch die Geologie ist keine über alle Zweifel erhabene Wissenschaft. Im 19. und 20. Jahrhundert wurden in ihrem Rahmen vielfach nur Vermutungen angestellt. Einige davon stellten sich im Nachhinein als falsch heraus.

Bisher ging man beispielsweise von folgender Beobachtung aus: Je dicker (oder tiefer) eine Erdschicht ist, umso länger währte ein Zeitalter oder eine Zeitperiode. Umgekehrt glaubte man: Je dünner eine Schicht in der Erde sei, umso kürzer dauere die Zeitspanne, die sie repräsentiert. Sorgfältige Beobachtungen führten allerdings zu der Erkenntnis, dass die Dicke oder Tiefe einer Schicht nicht die Dauer eines Zeitraumes belegt. Manchmal können durch gewaltsame oder gigantische Erdbewegungen innerhalb eines einzigen Tages umfangreichste (Erd-)Schichten entstehen. Überzogen formuliert: Oft kamen Experten zu der Einsicht, dass eine Million Jahre zu einem Tag verkürzt werden mussten.

In diesem Sinne ist sogar die schulbuchmäßige Einteilung in genaue Erdzeitalter eine höchst problematische Angelegenheit. Die Zeittafeln, deren wir uns noch immer bedienen, wurden inzwischen vielerorts als unbrauchbar verworfen. Immer häufiger macht man auf die Fehler aufmerksam.

Auch die Geologie steckt demnach als Wissenschaft noch in den Kinderschuhen.

Zudem besitzt jedes an die Paläoanthropologie angrenzenden Fachgebiet, wie beispielsweise die Geologie, nur eine Handvoll von Autoritäten und Super-Spezialisten mit Monopol-Stellung. Sie diktieren, was als Forschungsergebnis durchgeht und was nicht.

Das heißt, unser Wissen ist in vielen Fachgebieten längst monopolisiert, es ist nicht wertneutral, es ist nicht unabhängig.

Grund 11: Künstliche Zeichnungen und nachträglich angefertigte dreidimensionale Darstellungen

Was die optischen Darstellungen der Darwin-Hysterie angeht, so wurde auch hier gefälscht, dass die Schwarte kracht.

Der berühmteste Fälscher in dieser Hinsicht war der deutscher Mediziner, Zoologe und Zeichner Ernst Haeckel (1834–1919), der Darwins Ideen zu einer kompletten Abstammungslehre ausbaute. Durch seine populären Schriften und Vorträge trug er maßgeblich zur Verbreitung des Darwinismus in Deutschland bei. Er machte sich jedoch nachweislich der Fälschung schuldig, indem er Zeichnungen anfertigen ließ, die nur Theorien illustrierten (die Abstammung vom Affen und die angebliche Wiederholung der Phasen der Evolution im Mutterleib) und selten der Praxis und der Wahrheit entsprachen. Unbewiesenen Behauptungen hauchte er durch irreführende Zeichnungen Leben ein.

Haeckel wird heute einmütig von allen Wissenschaftlern verdammt, selbst von den Paläoanthropologen, weil er eindeutig der Fälschung überführt wurde. Trotzdem hielt er einen Professorenstuhl inne und galt lange Zeit als die unbestrittene, erste Autorität.

Neben Haeckel traten zahlreiche andere Künstler auf den Plan. Manchmal wurde einem menschlichen Schädelknochen ein Affenkiefer angeklebt, um ein affenartiges Aussehen vorzutäuschen und dem erstaunten Publikum eine angebliche Übergangsform zu zeigen.

Ein menschlicher Affenschädel versprach Publicity und einen ungeheuren Pressewirbel. Die Unsitte hält an. Bis heute werden aus einzelnen Knochenteilen die verschiedensten Rückschlüsse gezogen – und dementsprechend Fachleute damit beauftragt, Skelette oder Schädel zu ergänzen, angeblich nach logischen Überlegungen.

Bildhauer und Maskenbildner freut es, denn es spült Geld in ihre Kasse.

Zeichnungen und dreidimensionale Darstellungen, die auf Vermutungen beruhen, beweisen allerdings nichts.

Grund 12: Der falsche Ort

Man könnte noch weiter ausholen und auf direkte und indirekte Fälschungstechniken abheben, auf menschliche Fehlerquellen, die allenthalben auftreten, wenn man einer Theorie nachläuft, statt die Fakten für sich selbst sprechen zu lassen. Schon die Bestimmung der Ausgrabungsorte war und ist subjektiv. Lange ging man unwidersprochen davon aus, dass die Geburtsstunde der Menschheit in Afrika gewesen sei – nur weil es Darwin ehemals vermutet hatte. Tausende, ja Hunderttausende von Orten hingegen wurden *nicht* untersucht, die möglicherweise sehr viel interessanter sind.

Was bedeutet das alles im Klartext?

DIE WELT VON GESTERN

Die Resultate dieses Kapitels, das sich keiner Universität, keinem Professor, keinem Ausschuss und keiner Autorität oder Schule andient, lassen sich folgendermaßen zusammenfassen:
1. Die Paläoanthropologie ist keine Wissenschaft. Die zwölf genannten Gründe könnten und sollten jedoch zu einer Reinigung dieser Disziplin führen. Es müssten neue Ethik-Standards definiert und eingeführt werden.
2. Darwins Theorie, dass der Mensch von Affen abstamme, wurde nie bewiesen. Sie muss zu Grabe getragen werden.

Henry Gee, der Herausgeber der Zeitschrift *Nature*, nennt die gesamte Evolutionstheorie »eine rein menschliche Erfindung«. Er stellt weiter fest, dass es sich um »eine Mutmaßung handelt, die den gleichen Realitätsanspruch wie eine Gute-Nacht-Geschichte besitzt«.[10]

3. All die Stammbäume, nach denen sich aus dem *Australopithecus* erst der *Homo* habilis entwickelt hatte, dann der *Homo erectus*, dann der *Homo sapiens*, sind falsch, denn es gibt
   a. beschämend wenige Fossilienfunde,
   b. zu viele Beispiele, die berechtigte Zweifel an dieser Theorie aufkommen lassen, und
   c. keine Übergangsformen.[11]

   Es handelt sich um ein wissenschaftliches Märchen.

4. Neueste Entdeckungen weisen darauf hin, dass *Australopithecus*, *Homo habilis* und *Homo erectus* nebeneinander, nicht nacheinander existierten, dass sie sich also die Welt teilten und zur gleichen Zeit lebten.

   Der *Homo sapiens*, so beweisen unterdrückte Funde, ist erheblich älter als bislang angenommen. Aller Wahrscheinlichkeit nach war auch er ein Zeitgenosse der genannten Homo-Arten. Die Autoren Zillmer, Cremo und Thompson stellen überwältigend viele Beweise dafür vor.

   Andere Forscher, wie Zuckerman oder Oxnard, wiesen überdies darauf hin, dass der *Australopithecus* entgegen bisheriger Annahmen kein Vorfahre des heutigen Menschen war, sondern ein ... einfacher Affe. Sie untersuchten genauestens die Abgüsse des Gehirns, die Zähne, den Kiefer, die Form des Schädels, die Schulterblätter, das Schlüsselbein, die Handknochen und das Becken und schlussfolgerten: »Vorbehaltlich weiterer Befunde bleibt uns die Vorstellung von mittelgroßen Tieren, die in Bäumen lebten, kletterten und verschiedene Stufen der Akrobatik und viel-

leicht auch das Herabhängen an den Armen beherrschten.«[12] Wir werden in Zukunft mit Neuinterpretationen zahlreicher Funde rechnen müssen.
5. Es ist nicht auszuschließen, dass auch der *Homo sapiens* schon vor Hunderten von Millionen Jahren lebte. In diesem Zusammenhang muss man die zahlreichen Mythen der Völker in Erwägung ziehen, vor allem aus dem indischen Raum, aber auch aus Japan, China, Ägypten und Sumer, ja zahlreicher afrikanischer, süd- und mittelamerikanischer Völkerschaften.
6. Selbst der Dinosaurier und andere prähistorischer Tierarten existierten wahrscheinlich gleichzeitig mit und neben dem Menschen.
7. Die entfernteste Vergangenheit beschreibt aller Wahrscheinlichkeit nach Zeiten, in der es bereits zahlreiche Hochkulturen gab, selbst vor Millionen, Zehnmillionen, ja Hundertmillionen von Jahren.

Mit anderen Worten: Unsere Urgeschichte muss eine Neubewertung erfahren. Wir müssen unsere Geschichtsbücher umschreiben.

Noch einmal: Darwin

Nicht zu vergessen: Darwin spekulierte in seinem Buch *Die Abstammung des Menschen* auch über die Unterschiede zwischen verschiedenen Menschenrassen in der Gegenwart. So stellte er »Neger« und australische Aborigines auf eine Stufe mit Affen, konkret mit Gorillas.[13] Ein »Neger« war seiner Meinung nach nicht besser oder klüger als ein Tier. Damit ist er ein Rassist und ein Vorläufer des Nationalsozialismus.

Darwin schrieb: »Bei den Wilden werden die an Geist und Körper Schwachen bald beseitigt, und die, die leben bleiben, zeigen gewöhnlich einen Zustand kräftiger Gesundheit. Auf der anderen Seite tun wir zivilisierten Menschen alles nur Mögliche, um den Prozess dieser Beseitigung aufzuhalten. Wir bauen Zufluchtsstätten für die Schwachsinnigen, für die Krüppel und die Kranken; wir erlassen Armengesetze, und unsere Ärzte strengen die größte Geschicklichkeit an, das Leben eines jeden bis zum letzten Moment noch zu erhalten ... Niemand, welcher der Zucht domestizierter Tiere seine Aufmerksamkeit gewidmet hat, wird daran zweifeln, dass dies für die Rasse des Menschen in höchstem Grad schädlich sein muss.«[14]

An anderen Stellen, in Briefen, begrüßte Darwin ausdrücklich den Umstand, dass die »niederen Rassen« bald beseitigt sein werden.[15]

Endgültiges Fazit

Darwin war ein mitleidloser Menschenhasser, aber er tarnte sich geschickt als Wissenschaftler. Viele derer, die in seine Fußstapfen traten, logen und betrogen, fälschten und manipulierten die öffentliche Meinung.

Darwin war indirekt für das Hinmorden zahlreicher Menschen verantwortlich, indem er die »niederen« Rassen vertrat. Seine Schriften dienten den Nazis zur Etablierung und Rechtfertigung ihrer verbrecherischen Rassentheorie.

Die obigen zwölf Kritikpunkte belegen, dass die Paläoanthropologie generalüberholt und grundlegend korrigiert werden muss. Bis dahin sollten wir ihren Vertretern mit höchstem Misstrauen begegnen.

Erst wenn die alten, falschen Informationen ausgeräumt sind, werden wir eine vernünftigere, ehrlichere Geschichtswissenschaft erhalten. Wir werden über eine aktuelle Anthropologie, Zoologie, Geologie und Prähistorie verfügen.

Unser Geschichtsbild an sich wird sich verändern und damit unsere Vorstellungen von der fernsten Vergangenheit.

Und wir werden die vielleicht wichtigsten, brennendsten und existenziellsten aller Fragen beantworten können: Woher kommt der Mensch? Und wie entstand er?

II.
Mythos und Wahrheit

1. Geheimnisse der Bibel (1)

Was das Alte Testament angeht, so gibt es zwei Geheimnisse, die beide nie gelüftet wurden – jedenfalls nicht während unserer in der Regel christlich akzentuierten Erziehung. Diese beiden Geheimnisse wurden jahrtausendelang sorgfältig unter Verschluss gehalten und vor uns verborgen. Ihre Kenntnis hätte dem christlichen Glauben geschadet. Sie hätte in uns ernsthafte Zweifel aufkommen lassen. Und das wollte, ja das musste man unter allen Umständen vermeiden, wenn man die eigenen Schäfchen auf der richtigen Weide halten wollte.

Beide Geheimnisse werden wir im Laufe der beiden folgenden Kapitel enthüllen. Doch beschreiben wir zunächst, wie sich die Urgeschichte oder die fernste Vergangenheit dem Alten Testament zufolge abspielte. Zitieren wir dazu das Buch »Mose«:

Die Erschaffung der Welt

1. »Am Anfang schuf Gott Himmel und Erde.
2. Und die Erde war wüst und leer, und Finsternis lag auf der Tiefe; und der Geist Gottes schwebte über dem Wasser.
3. Und Gott sprach: Es werde Licht! Und es ward Licht.
4. Und Gott sah, dass das Licht gut war. Da schied Gott das Licht von der Finsternis
5. und nannte das Licht Tag und die Finsternis Nacht. Da ward aus Abend und Morgen der erste Tag.

6. Und Gott sprach: Es werde eine Feste zwischen den Wassern, die da scheide zwischen den Wassern.
7. Da machte Gott die Feste und schied das Wasser unter der Feste von dem Wasser über der Feste. Und es geschah so.
8. Und Gott nannte die Feste Himmel. Da ward aus Abend und Morgen der zweite Tag.
9. Und Gott sprach: Es sammle sich das Wasser unter dem Himmel an einem Ort, dass man das Trockene sehe. Und es geschah so.
10. Und Gott nannte das Trockene Erde, und die Sammlung der Wasser nannte er Meer. Und Gott sah, dass es gut war.
11. Und Gott sprach: Es lasse in der Erde aufgehen Gras und Kraut, das Samen bringen, und fruchtbare Bäume, die ein jeder nach seiner Art Früchte trägt, in denen ihr Same ist auf der Erde. Und es geschah so.
12. Und die Erde ließ aufgehen Gras und Kraut, das Samen bringt, ein jedes nach seiner Art, und Bäume, die da Früchte tragen, in denen ihr Same ist, ein jeder nach seiner Art. Und Gott sah, dass es gut war.
13. Da ward aus Abend und Morgen der dritte Tag ...«[16]

Wir können an dieser Stelle innehalten. Wir alle kennen den Text. Gemäß der Bibel erschuf Gott in sechs Tagen die gesamte Welt. Hinzufügen braucht man lediglich, dass in den folgenden Tagen zwei »Lichter« geschaffen wurde, die Sonne und der Mond, weiter die anderen Sterne, alles lebendige Getier, Fische, Vögel und Landtiere sowie der Mensch.

Gott schuf ihn – laut der Bibel – nach seinem Bilde oder Ebenbilde, er schuf Mann und Frau, Eva aus Adams Rippe. Adam gilt der Bibel gemäß als erster Mensch der Erde oder auch als »Vater der Menschheit«, sein Name bedeutet »Erdling«, denn im Hebräischen heißt *adamah* = »Erde« oder »Erdboden«, und der Überlieferung nach wurde er aus Lehm geschaffen. Eva – im Hebräischen

Chawwah – meint die »Leben Schenkende« oder die »Mutter der Lebendigen«. Die Entstehung des Menschen war also relativ einfach: Aus Lehm formte Gott diesen Adam. Und aus ihm Eva. Schon jetzt müssen wir aufmerken. Denn dieser Bericht ist nicht neu, nicht originär. Er wurde abgeschrieben. Dass der Mensch aus Lehm entstand und einfach von Gott geformt wurde, findet sich auch in anderen Sagen und Legenden der Welt sowie in früheren Mythen. Der Bericht wurde übernommen, er wurde gestohlen. Diese Information ließ der hebräische Gott nicht exklusiv den Israeliten zukommen.

Die Vorstellung, der Mensch sei aus Lehm oder Erde entstanden, findet sich, wie der Historiker weiß, beispielsweise auch im alten Sumer – also in einer Hochkultur, die grob gesprochen zwischen den Flüssen Euphrat und Tigris anzusiedeln ist, im heutigen Irak/Iran. Lange vor der Entstehung der jüdischen Bibel trifft man auf diese Information.[17]

Und auch in einer Version der litauischen Schöpfungssage heißt es, der Mensch sei aus Lehm geschaffen worden, danach habe Gott ihm eine Seele eingehaucht.[18]

Später im Islam, nach der Entstehung der jüdischen und christlichen Bibel, wurde dieser Glaube fortgesetzt und wiederholt. Laut Koran, der mindestens zu einem Viertel auf jüdischen Überlieferungen beruht, wurde Adam ebenfalls aus Lehm erschaffen, dem Gott seinen Geist einblies.[19] Hier treffen wir auf einen (mit den jüdischen und christlichen Bibeln) fast identischen Schöpfungsmythos.

Wichtiger noch sind die früheren Quellen: Die Lösung des ersten Geheimnisses deutet sich bereits an. Die Israeliten schrieben ab!

Die Bibel beruht auf früheren Quellen.

ASTRONOMISCHES WISSEN

Der heutige Leser fragt sich, ob die Entstehung der Welt wirklich so einfach vor sich ging, wie in der Bibel beschrieben. Er möchte gerne wissen, ob es tatsächlich so früh schon Wasser gegeben hat (»Gott schwebte über dem Wasser«) ... Noch *vor* dem Licht? Heutzutage wissen wir, dass es allein in unserem Sonnensystem drei Planeten gibt, auf denen Wasser floss oder immer noch fließt – Erde, Mars und Venus. Hinzu kommen 22 Eismonde, auf denen Wasser vermutet wird. Aber ob die Wasser dort *vor* dem Licht existierten, ist wohl eher zweifelhaft.

Fragwürdig ist auch, ob – in astronomischen Dimensionen gedacht – diese im biblischen Bericht angebotene Schöpfungsreihenfolge wirklich der Wahrheit entsprechen kann. Der Leser wird seine Zweifel daran hegen, ebenso wie am Zeitrahmen. In sechs Tagen soll das alles erschaffen worden sein? Wir wissen heute mit unabänderlicher Gewissheit, dass man – denkt man in kosmischen Dimensionen – mit Millionen und Milliarden von Jahren rechnen muss, ja mit Billionen und Trillionen von Jahren.

Unser Horizont hat sich beträchtlich erweitert, in zeitlicher und in räumlicher Hinsicht. Mit bloßem Auge können wir bereits rund 3000 Sterne am Nachthimmel sehen, sofern die Nacht mondlos und die Luft klar ist. Fernrohre haben uns inzwischen darüber belehrt, dass es zwischen 100 bis 400 Milliarden Sonnen nur in unserer Galaxis gibt. In dieser Zahl sind die Planeten und Monde nicht einmal enthalten. Zusätzlich existieren rund 100 Milliarden Galaxien im gesamten Universum. Die größten Galaxien verfügen über 100 Trillionen Sterne. Das heißt, in unserem Universum gibt es 10 hoch 24 Sterne oder Sonnen – das ist eine 1 mit 24 Nullen. Und die Zahl der Planeten und Monde, die um diese Sonnen kreisen, liegt aller Wahrscheinlichkeit nach noch deutlich höher.[20]

All diese Informationen enthält die biblische Schöpfungsgeschichte nicht. In der Bibel wird ein reichlich naives Weltbild vertreten, das in fast allen Punkten nachweislich falsch ist.

Fairerweise muss man zugeben, dass auch die Herren Astronomen überfragt sind, wenn es um die konkrete Entstehung all dieser Himmelskörper geht.

Betrachten wir bloß unser Sonnensystem. Wie ist es eigentlich entstanden? Der Mensch ist ohne es nicht denkbar. Entstanden sei es aus einer Gaswolke, belehren uns die Astronomen. Aus einem Teil dieser Gaswolke entwickelte sich angeblich die Sonne, aus dem Rest die Planeten. Wie genau jedoch dieser Prozess ablief, weiß bis heute niemand mit absoluter Gewissheit. Man weiß nur, dass der Prozess sehr lange dauerte und kaum nachverfolgt werden kann.

Woraus bestand diese Gaswolke?

Aus Staub und Wasserstoff ... hören wir.

Und woher kamen der Staub und der Wasserstoff?

Obwohl wir einigen Theorien der (momentan gültigen) Astronomie ebenfalls mit einer gesunden Portion Skepsis begegnen müssen, steht immerhin fest, dass

- der biblische Zeitrahmen der Erschaffung der Welt (1 Woche) unmöglich stimmen kann,
- die Reihenfolge der erschaffenen Dinge mit Sicherheit falsch ist und
- die Präexistenz oder frühzeitige Existenz von Wasser fragwürdig ist.

Um es kurz zu machen:

Der biblische Schöpfungsbericht ist falsch, ganz davon abgesehen, dass hier nur abgeschrieben wurde.

Dennoch besitzt dieser Schöpfungsbericht einen unschlagbaren Vorteil: Er reflektiert auf einen Erschaffer, eine Ursache, einen

Beginn – während die Mehrzahl der Astronomen von einer unpersönlichen Entwicklung ausgeht. Das läuft unseres Erachtens jedoch jedem logischen Denken zuwider. Wie kann aus Nichts Etwas entstehen?

DIE SCHWACHSTELLE DER ASTRONOMIE

Es ist kaum nachvollziehbar, wie diese unendliche Vielfalt von Sonnen, Planeten, Pflanzen und Tieren schier aus dem Nichts oder aus Zufall entstanden sein könnte. Die Konstruktion der Tierkörper und Pflanzen, der wir uns gegenübersehen, ist teilweise so hyperintelligent, dass es unmöglich ist, dahinter kein denkendes, erschaffendes Prinzip anzunehmen.

Viele Pflanzen zeigen sich von einer solch berauschenden Schönheit, dass man theoretisch einen ästhetischen Geist als Kreator annehmen könnte, oder als Alternative zahlreiche Künstler, Maler und Bildhauer, weiter Abertausende von Bio-Ingenieuren.

Deshalb bekannten sich längst namhafte Wissenschaftler und Astronomen zu einer wie auch immer gearteten Gottesidee, wie man das vorsichtig nennen könnte.

Isaac Newton (1642–1726), der vielleicht berühmteste Mathematiker, Physiker und Astronom aller Zeiten, kommentierte deshalb ironisch: »Warum hat Gott die Welt da erschaffen, wo sie ist, und nicht einen Meter weiter links?« Und: »Wer nur halb nachdenkt, der glaubt an keinen Gott, wer aber richtig nachdenkt, der muss an Gott glauben.«[21]

Und der Begründer der Urknall-Theorie – Georges Lemaître (1894–1966) – war ein belgischer Priester... und glaubte folglich an Gott.

Denn die Frage bleibt: Was existierte *vor* dem Urknall? *Wer* leitete ihn in die Wege? Was geschah, *bevor* es Materie, Energie, Raum und Zeit gab?

Bis heute glauben deshalb rund 40 Prozent aller Naturwissenschaftler an einen Gott, an Götter oder an ein verursachendes Prinzip, weil sie sich angesichts all dieser Schöpfungen und der kosmischen Ordnung einfach nicht vorstellen können, dass dies alles zufällig entstanden sein soll, aus dummer, unbelebter Materie oder aus dem Nichts.

DIE SINTFLUT UND DIE ARCHE NOAH

Folgen wir zunächst dem Schöpfungsbericht der Bibel weiter.

Dass dort auch die Geschichte von Noah nacherzählt wird, nicht nur die von Adam und Eva, von Kain und Abel, ist hochinteressant.

Zudem ist von einer gewaltigen Sintflut die Rede.

Und wieder staunen wir: Diesen Sintflut-Bericht trifft man auch bei anderen Völkerschaften rund um den Globus an. Das erste Mal begegnet er uns – als schriftliche Aufzeichnung – erneut bei den alten Sumerern, im sumerischen Epos *Gilgamesch*.

Der Held Gilgamesch war ein furchtloser, starker, riesiger Mann, zu zwei Dritteln göttlich und zu einem Drittel Mensch, der – so unterrichten uns jedenfalls die Verfasser dieses Stücks – das sagenhafte Alter von 126 Jahren erreichte.

Am aufregendsten ist jedoch, dass die Bibelautoren verschiedene Details dieser sumerischen Erzählung ... einfach übernahmen.

Im Gilgamesch-Epos hört sich der Bericht über die Sintflut folgendermaßen an: »Ich will dir ein Geheimnis verraten, ein Geheimnis der Götter. Du kennst ... jene uralte Stadt am Euphrat. Dort lebte ich einstmals. Ich war einst ihr König, vor langer Zeit, als die großen Götter die Sintflut zu schicken beschlossen ...

›Rasch, rasch, reiß dein Haus ab und baue ein großes Schiff ... dann sammle Exemplare von jeder lebenden Kreatur und bring sie an Bord des Schiffes ...‹

[Das rät ein Gott dem Ich-Erzähler.]
Ich entwarf den Bau, ich machte Planskizzen. Beim ersten Morgendämmerschein kamen alle zusammen – Zimmerleute brachten ihre Sägen und Äxte, ... Seiler brachten ihre Seile, und Kinder schleppten den Teer. ... Manche schleppten Planken, manche hämmerten Nägel, manche schnitten Holz. Am Ende des fünften Tages war der Schiffsrumpf erstellt. Die Decks waren sechsunddreißig Ar hoch [1 Ar = 100 m²], die Seiten zweihundert Fuß hoch. Ich baute sechs Decks, sodass die Schiffshöhe siebenfach unterteilt wurde. Ich teilte jedes Deck in neun Bereiche auf ... Ich belud es mit allem Kostbaren, das mir gehörte: all meinem Silber und Gold, meiner ganzen Familie ... Tieren von jederlei Art, wilden und zahmen ...

Den ganzen Tag, unablässig, wehten die Sturmwinde, fiel der Regen, dann brach die Flut hervor und überwältigte die Menschen wie ein Krieg ...

Sechs Tage und sieben Nächte zerstörte das Unwetter die Erde. Am siebten Tag hörte der Regenguss auf. Der Ozean beruhigte sich. Kein Land war zu sehen, nur Wasser ringsumher, so flach wie ein Dach. Keine Spur Leben war da ...

Am siebenten Tag brachte ich eine Taube heraus und ließ sie frei. Die Taube flog davon, dann flog sie zum Schiff zurück, weil es keine Stelle zum Landen gab.«[22]

Natürlich standen die christlichen Priester und die jüdischen Rabbis Kopf, als sie diesen Text lasen. Ein Aufschrei ging durch ihr Lager. Die Sage oder die Legende von der Sintflut war nur abgeschrieben worden? Es gab eine frühere Religion, von der man sie sich ausgeborgt hatte? Daran bestand keinen Zweifel. Ja, die Sintflut und die Geschichte rund um die Arche Noah mit all den verschiedenen Tierarten, sogar mit der Taube am Schluss, waren gestohlen worden. Sie waren weder jüdisch noch christlich, sondern sumerisch, was später mit babylonisch gleichgesetzt wurde.

Diese Geschichte war lange *vor* der Bibel entstanden.

Das verwundert im Grunde nicht. Die Geschichte des jüdischen Volkes erzählt uns, dass die Juden einst in Babylonische Gefangenschaft gerieten. Als »Babylonisches Exil« oder »Babylonische Gefangenschaft« wird eine Epoche der jüdischen Geschichte zwischen 597 und 539 vor Christus bezeichnet. Nach der Eroberung des Königreiches Juda durch einen babylonischen König wurde die jüdische Oberschicht einfach verpflanzt. Sie wurde nach Babylon gebracht und dort gewaltsam angesiedelt, um ihren Widerstandswillen endgültig zu brechen. Halten wir uns immer den heutigen Irak/Iran vor Augen, wenn wir von Sumer oder Babylon sprechen.

Doch was geschah dort? Die Juden assimilierten sich im Laufe der Zeit. Einige machten in der Fremde sogar Karriere. Gleichzeitig übernahmen sie verschiedene religiöse Vorstellungen der Sieger. Sie ließen sich von den Babyloniern befruchten, die ihrerseits auf den Schultern der Sumerer ruhten. Sie übernahmen Geschichten, Legenden und Erzählungen. Und so schlichen sich diese erst in die jüdische und später in die christliche Bibel ein, auch die Legenden rund um eine Sintflut und um die Arche Noah, die unverwechselbar ist mit ihren vielen Tieren.

Es ist schockierend zu erfahren, dass die Bibel keine Originalität beanspruchen kann. Sie ist lediglich ein Abklatsch früherer Geschichten.

Auf der anderen Seite ist es auch erleichternd, wenn man endlich der Wahrheit auf die Spur kommt.

Tatsächlich wurde aus dem Gilgamesch-Epos noch viel mehr in die Bibel übernommen.

Gönnen wir uns noch einige andere Beispiele:

Weitere Diebstähle von Bibel-Autoren

Im Gilgamesch-Epos ist auch von einer Hölle die Rede, einer »Unterwelt, dem Haus der Finsternis, der Heimstatt der Toten ... Die dort Wohnenden hocken in der Finsternis, Schmutz ist ihre Speise, ihr Trank ist Lehm. Sie tragen gefiederte Kleidung wie Vögel, sie sehen nie das Licht, und auf Tür und Riegel liegt dick der Staub.«[23]

Zugegeben, die beschriebene Unterwelt unterscheidet sich ein wenig von der christlichen Hölle, ist aber immerhin eine Art Vorläufer.

Weiter wird im Gilgamesch von Hohepriestern berichtet, von Altardienern, von Exorzisten und von Propheten. All das findet sich auch in der Bibel. Die Parallelen zur Bibel sind – trotz der Unterschiede – augenfällig.

Noch einmal: Das Gilgamesch-Epos ist die älteste Geschichte der Welt; es ist rund tausend Jahre älter als die Ilias oder die Bibel!

Gilgamesch legt sich mit Göttern und Dämonen an, genau wie einige Bibelgestalten. Obwohl der Held Gilgamesch stark und mutig ist, fürchtet er den Tod – wie einige Figuren aus dem Alten Testament. Seuchen sind in dieser Erzählung auf Götter oder Dämonen zurückzuführen, genau wie Krankheiten ... wieder wie in der Bibel. Und stets wird auf die große Sintflut reflektiert sowie auf die Arche, die später auf dem tosenden Meer umhertreibt:

»Sechs Tage und sieben Nächte zerstörte das Unwetter die Erde. Am siebten Tag hörte der Regenguss auf. Der Ozean beruhigte sich. Kein Land war zu sehen.«[24]

Und weiter heißt es im Gilgamesch-Epos:

»Am siebten Tag brachte ich eine Taube heraus und ließ sie frei. Die Taube flog davon, dann flog sie zum Schiff zurück, weil es keine Stelle zum Landen gab. Ich wartete ab, dann brachte ich eine Schwalbe heraus und ließ sie frei. Die Schwalbe flog davon, dann flog sie zum Schiff zurück, weil es keine Stelle zum Landen gab. Ich wartete ab, dann brachte ich einen Raben heraus und ließ ihn frei. Der Rabe flog davon, und da der Wasserspiegel gesunken war, fand er einen Ast, dort setzte er sich, er fraß, flog davon und kehrte nicht zurück.«[25]

Zwar gibt es durchaus Unterschiede, doch die Parallelen überwiegen, sie sind einfach nicht zu leugnen.

In der Bibel wie im Gilgamesch-Epos werden die geretteten Tiere schließlich in die Freiheit entlassen. Hier wie da waren die Sünden des Menschengeschlechts für die große Flut verantwortlich.

Wiederholen wir ein letztes Mal:

Die Bibel-Autoren übernahmen viele Geschichten aus einer früheren Religion, aus dem Land Sumer/Babylon/Irak/Iran. Konkret: Geschichten rund um die Hölle, die Sintflut und die Arche Noah, schließlich Vorstellungen von Propheten, Priestern und Exorzisten, und sie berichteten ebenfalls von der Erschaffung des Menschen aus Lehm.

Erstaunliche Berichte der Bibel

Nach dem Schöpfungsbericht steht in der Bibel die sogenannte Frühgeschichte auf dem Programm. Es wird von Erzeltern berichtet, also von Stammvätern und Stammmüttern der Israeliten, von Abraham, Isaak und Jakob, von Rachel, Lea und Sarah sowie von dem Streit und der Versöhnung der zwölf Söhne Jakobs.

Interessant ist der Bericht von einem Garten Eden und Adams und Evas Vertreibung aus dem Paradies. Von einem Garten Eden oder Paradies erzählen auch Ur-Berichte anderer Länder.

Bemerkenswerterweise findet sich in fast in jeder Hochzivilisation die Vorstellung eines früheren Paradieses, das manchmal auch als Goldenes Zeitalter beschrieben wird. So etwa in der griechischrömischen Mythologie. Ein Paradies oder paradiesähnliche Umstände gibt es im Zoroastrismus, im Islam, bei den Kelten (Avalon, der Apfelgarten), bei den Germanen (Walhalla, die Wohnung der gefallenen, mutigen Krieger) und so weiter. Das Paradies ist eine weitere Gemeinsamkeit der »Erinnerungen der Völker«.

Auch die Schlange im Paradies trifft man wiederholt an. Die Schlange besitzt mindestens fünfzig unterschiedliche symbolische Bedeutungen in den verschiedenen Zivilisationen.

Der Turmbau zu Babel wiederum beschreibt die Sprachverwirrung plastisch, die Städte Sodom und Gomorra kennzeichnen den ethischen Verfall einer Zivilisation, der ebenfalls in zahlreichen anderen Mythen eine Rolle spielt.

Viele mythische Details verraten, dass zahlreiche Völkerschaften an die *gleichen* Ereignisse glaubten, was die Frühzeit der Menschheitsgeschichte angeht.

Das spricht für ihren Wahrheitsgehalt.

Persönlich gehen wir davon aus, dass es einst, vor grauen Vorzeiten, tatsächlich so etwas wie ein Goldenes Zeitalter gab, eine Art irdisches Paradies, genau wie das Gegenteil, sprich einen Ort, der an die Hölle gemahnt.

Dieses Urwissen sollten wir nicht einfach als Legenden abtun, sondern aufgrund der übereinstimmenden Sagen in vielen Erdteilen aufhorchen. Ist dies nicht ein Indiz dafür, dass es wahr sein könnte?

Auch die Existenz von Engeln und Dämonen, von Göttern und Halbgöttern begegnen uns allerorten. In der Bibel ist sogar von einem Aufstand einiger Engel gegen Gott die Rede.

Besonders verräterisch sind jedoch die zahlreichen Berichte über die Sintflut.

Die Sintflut

Der Begriff Sintflut leitet sich nicht vom Ausdruck der Sünde her, es ist keine Sündenflut. Die Vorsilbe *sin* bedeutet »immerwährend«, »andauernd« oder »umfassend«. Es handelt sich um eine lange andauernde Flut oder Überschwemmung.

Geologen stellten fest, dass es vor rund 130 000 Jahren zu einer Sintflut gekommen sein muss. Aber wie immer streiten sich die Gelehrten um Details.

Darüber hinaus gibt es, wie schon erwähnt, auch in anderen Zivilisationen zahlreiche Sintflut-Sagen. Die alten Griechen berichteten von einer Sintflut, die alten Inder ebenso.

Die Inder, die an die Reinkarnation, also an die Wiedergeburt glaubten, berichteten beispielsweise von der Inkarnation ihres Gottes Vishnu in einem Fisch, der den ersten Menschen wegen einer bevorstehenden Flut zum Bau einer Arche aufforderte. Die Parallele ist unübersehbar. Freilich sollten in dieser Arche nur sieben Weise gerettet werden, sieben Seher, nicht das gesamte Tierreich.

In einer alt-isländischen Sage, der *Edda*, berichteten die Autoren ebenfalls von einer Sintflut. Die *Edda* (wahrscheinlich eine Wortbildung, die an Edition erinnert = Herausgabe) wurde im 13. Jahrhundert verfasst. Hier finden sich Götter- und Heldensagen, aber auch der Bericht über die Sintflut. Der *Edda* nach gab es einst eine weltweite Flut, die nur ein Riese und seine Frau überlebten.

Sogar bei den australischen Ureinwohnern findet sich eine entsprechende Sage. Sie berichtet von dem Großen Känguru, das einst mit anderen Tierleuten die große Flut zurückhielt.

Blickt man nach China, so stößt man auch dort auf eine Sintflut. Auch hier ist von unglaublichen Überschwemmungen die Rede und von Fluten, die sich bis zum Himmel türmten. Sie soll zu Zeiten des Urkaisers Fu Xi stattgefunden haben, der als Urahn des Menschengeschlechtes gefeiert wird.

Und auch die altamerikanischen Indianer kannten Geschichten von einer überwältigenden Flut, die die Erdoberfläche komplett im Wasser versinken ließ.

Neuguinea, eine Insel nördlich von Australien, kennt ebenfalls weltweite Flut-Mythen. Auch hier wird ein menschliches Ahnenpaar angenommen, das den Fluten entkommen konnte.

Wer will an einen bloßen Zufall glauben? Unserer Meinung nach handelt es sich um eine Menschheitserinnerung, die recht gut belegt ist.

Wenn wir auch der Weltentstehung (Genesis) in der Bibel kaum glauben können, so scheinen die späteren Berichte in der Bibel von ehemaligen historischen Ereignissen zumindest beeinflusst worden zu sein oder einen wahren Kern zu besitzen. Das gilt auch für spätere Berichte in der Bibel, ja für die gesamte jüdisch-christliche Religion.

Damit sind wir dem zweiten Geheimnis der Bibel auf der Spur.

2. Geheimnisse der Bibel (2)

Wir haben schon gesehen, dass die Bibel in vielen Teilen kein Original ist, obwohl genau das in jüdisch-christlichen Kreisen behauptet wird. In Wahrheit wurde nicht nur von den Babyloniern/Sumerern und (später) Persern abgeschrieben, sondern auch von den alten Ägyptern. Doch der Einfluss der altägyptischen Religion auf die Bibel wurde nie vollumfänglich untersucht. Der Grund leuchtet ein: Es hätte die Einzigartigkeit der Bibel beschädigt und die Gläubigen irritiert.

Betrachtet man völlig unvoreingenommen die ägyptische, jüdische und christliche Religion, so stellt man fest, dass alle drei Religionen erstaunlich viele Gemeinsamkeiten aufweisen. Listen wir nur einige auf:

- Der Sündenkatalog, der im Judentum und Christentum eine so große Rolle spielt, findet sich teilweise schon bei den alten Ägyptern. Auch dort galten Diebstahl, Mord, Betrug und die Methode »falsches Zeugnis abzulegen«, als schwere Vergehen.
- Die Seele wird als unsterblich angesehen. In allen drei Religionen galt und gilt es, für die unsterbliche Seele Vorsorge zu treffen.
- Im Christentum und bei den alten Ägyptern fand sich der Sünder nach seinem Tod vor einem »Letzten Gericht« wieder. Sünden wurden genau untersucht und von einem Gott beurteilt. Hatte der Dahingeschiedene ein anständiges Leben geführt, winkte der schönste Lohn. Hatte er das Leben eines Schurken gelebt, erwartete ihn im Falle der alten Ägypter das *Duat*, ein Ort voller Feuer und böser Geister, durchaus vergleichbar mit der christlichen Hölle.
- Eine Art Himmel kommt im Christentum *und* in der ägyptischen Religion vor; er wird in vielen Punkten auf die gleiche Weise beschrieben.
- Alle drei Religionen kennen Priester und Gottesdiener, das Opfer, die Unterordnung unter die Priesterkaste, Priesterhierarchien, Belehrungen über Gott (oder die Götterwelt), Gebete, Hymnen, Anrufungen, Flüche und die Furcht vor bösen Geistern, die entweder Dämonen heißen oder Teufel.
- Plagen und Krankheiten werden als Strafe Gottes angesehen.
- Selbst die religiösen Sagen ähneln sich teilweise, genau wie die religiösen Bräuche; mitunter beteten die alten Ägypter, wie die Juden und Christen, sogar nur einen einzigen Gott an, der in ihrem Fall *Echnaton* hieß. Die ägyptische Göttin *Isis*

mutierte im Christentum zur *heiligen Maria*, beide wurden als »Gottesmutter« bezeichnet.[26]
- Das ganze Leben war eingebettet in religiöse Gebräuche, die nirgends so allumfassend waren wie im alten Ägypten, im Judentum und im Christentum.

Mit anderen Worten: Unsere Kultur ist umfänglicher vom alten Ägypten geprägt, als das bislang offiziell zugegeben wurde.

Der Einfluss der Ägypter auf die Juden (und über die Juden auf das Christentum) verwundert nicht. Dafür muss man nur die weltliche Geschichte der Israeliten genauer betrachten.

DIE HISTORISCH VERIFIZIERTE GESCHICHTE DER JUDEN

Abseits aller religiösen Legenden existiert auch eine weltliche Geschichte der Israeliten, wie man das nennen könnte – also eine historische Geschichtsschreibung, die nicht allein durch die Bibel bezeugt ist. Sie beginnt etwa 1500 vor Christus und währt bis heute.

Was verrät sie uns? Zunächst bildeten sich im heutigen Israel einige Stadt- und Kleinstaaten. Alle möglichen Völkerschaften ließen sich hier nieder.

Aber *vorher* begegnen uns die Israeliten in Ägypten. In der Bibel wird behauptet, sie leisteten am Nil Sklavendienste. Aller Wahrscheinlichkeit nach halfen sie wie ägyptische Arbeiter und zahlreiche Sklaven anderer Völker dabei, ägyptische Bauten zu errichten.

Einige Historiker vermuten, sie seien von Ramses II. auch für den Bau bestimmter Tempel eingesetzt worden. Ramses II. (ca. 1303–1213 vor Christus) gilt als einer der bedeutendsten Herrscher im alten Ägypten, weil er eine wirtschaftliche und kulturelle

Blüte ohnegleichen herbeiführte und lange Friedenszeiten auf seine diplomatischen Bemühungen zurückzuführen sind. Unter seinem Zepter und seiner über 50-jährigen Herrschaft entstanden so viele Tempel und Bauten wie nie zuvor. Zahlreiche Inschriften zeugen bis heute davon. Ramses ließ Monumentaltempel und beeindruckende Paläste errichten, er erbaute in reicher Zahl Obelisken und Heiligtümer. Und er baute bereits bestehende Tempel weiter aus, die der Verehrung der wichtigsten Götter Ägyptens gewidmet waren, wie *Ra (Re), Amun oder Ptha.*

Auf diese Weise nahmen die Israeliten die ägyptische Kultur in sich auf. Einige jüdische Vokabeln haben bis heute eine Doppelbedeutung, wie der Forscher Günter Vittmann ohne Wenn und Aber nachwies.[27]

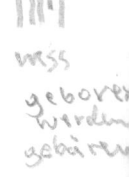

Der Name *Moses* beispielsweise heißt auf Altägyptisch so viel wie »mein Sohn« oder auch »Sohn des oder das Kind des …«. Die Juden weisen dem Namen jedoch die Bedeutung »der aus dem Wasser gezogen wurde zu« – weil Moses ihren heiligen Schriften zufolge ursprünglich in einem Körbchen auf einem Fluss ausgesetzt worden war. (Nur am Rande: Einige Gelehrte halten die zweite Bedeutung inzwischen für widerlegt.)

So ist der Zusammenhang zwischen Juden und Ägyptern, zwischen Israel und Ägypten, speziell der zeitweilige Aufenthalt der Juden in Ägypten, heutzutage in Historikerkreisen weitgehend akzeptiert. Obwohl es noch immer Geschichtswissenschaftler gibt, die mit dieser Behauptung nicht übereinstimmen; aber sie befinden sich mittlerweile in der Minderzahl.

Erst im 13. Jahrhundert vor Christus zogen die Israeliten aus Ägypten aus, soweit die allgemeine Ansicht der Gelehrten.

Der älteste Teil der Bibel entstand allerdings etwa im 15. Jahrhundert vor Christus. Die Zeitspanne, in der die Bibel zur Gänze ausformuliert wurde, dauerte bis etwa 440 vor Christus. Über eintausend Jahre lang währte demnach der Entstehungsprozess der jüdischen Bibel. Folglich waren nicht nur wenige erleuchtete Propheten, sondern viele Autoren Urheber der Bibel. Vermutlich wurde die Bibel von ganzen Generationen von Priestern/Rabbis verfasst, zudem gab es anfangs mündliche Überlieferungen. Wir sprechen hier von Hunderten von Autoren, denn diese Bibel wurde immer wieder überarbeitet. Texte wurden geglättet, harmonisiert, paraphrasiert, erläutert und auf den aktuellen theologischen Stand gebracht.

Und die Juden übernahmen auch Teile der altägyptischen Religion – in einem Umfang, der heute kaum bekannt ist.

Der Bibel zufolge führte Moses die Israeliten schließlich aus Ägypten heraus und in das »Gelobte Land«. Historiker kennen diesen Moses nicht. Jedenfalls gibt es keine außerbiblischen oder archäologischen Beweise für ihn. Aber *dass* ein Führer die Israeliten aus der Gefangenschaft der Ägypter führte, wird durchaus als mögliche historische Wahrheit akzeptiert.

Vermutlich gestaltete sich dieser Auszug aus Ägypten nicht so heroisch, wie in der Bibel dargestellt. Es gab ägyptische Garnisonen und Befestigungen allerorten, wahrscheinlich sogar im »Gelobten Land«. Die genauen Umstände dieses Auszugs (Exodus) sind längst vom Winde verweht und unter dem Sand verschiedener Wüsten begraben. Durchaus denkbar ist die Variante, dass auf dem Boden des heutigen Israel zuerst eine Art jüdisch-ägyptische Kolonie existierte, bevor der eifersüchtige jüdische Gott Jahwe, beziehungsweise seine Priester, endgültig die Führung übernahmen. Für den Auszug aus Ägypten gibt es ebenfalls keinen außerbiblischen Beleg.

Was auch immer Wahrheit und was Dichtung ist, fest steht, dass die Religion der Juden ganz zweifelsfrei auch von der ägyptischen Religion mitgeprägt wurde. Die Ägypter hatten ja schon eine vieltausendjährige religiöse Geschichte – im Gegensatz zu den Israeliten. Zudem hatten die ägyptischen Priester unverhältnismäßig viel Macht im Nilland.

Bevor Ägypten von den Persern, Griechen und Römern besiegt

wurde, war das Land Weltmacht, man vergesse es nie. Der Einfluss auf die Bibel steht damit fest.

DIE BIBEL

Bislang haben wir darauf verzichtet, den Ausdruck Bibel genauer zu definieren. Die Juden unterteilten ihre Bibel im Mittelalter in 22 beziehungsweise 24 Bücher. Die Christen ließen davon nur das Alte Testament gelten – ausgewählte Texte aus den jüdischen Bibeln – und fügten das Neue Testament hinzu. Doch aufgrund der Vielzahl von christlichen Absplitterungen, Sekten und Glaubensbewegungen gibt es bis heute Abertausende von unterschiedlichen christlichen Bibeln.

Die Bibel – das Buch der Bücher – ist also keinesfalls eindimensional zu betrachten. Und dabei sind wir nicht einmal auf all die apokryphen Schriften eingegangen, die »nicht erlaubten« oder »geheimen« Bibelberichte, die »verbotenen« oder »dunklen« Berichte, die es sowohl für das Alte als auch für das Neue Testament gibt.

In jedem Fall sind einige Sagen und Legenden der Bibel so interessant, dass wir sie uns noch einmal genauer betrachten wollen. Einige sind brillante Predigten, andere Weisheitsbelehrungen, die uns noch heute staunen lassen. Wieder andere Berichte spiegeln Erinnerungen an eine Vergangenheit wider, die möglicherweise die Urgeschichte der Menschheit erhellen.

DIE URZEIT

Der älteste Bericht (Genesis) wurde nach Einschätzung von Sprachwissenschaftlern vor rund dreitausend Jahren von den sogenannten Jahwisten verfasst.

Allgemein wird die Schöpfung und die Vertreibung aus dem Paradies als »Urgeschichte« bezeichnet, ferner die Zeit von Kain bis Noah sowie die Sintflut bis hin zum Turmbau von Babel. Es ist nicht unwahrscheinlich, dass auch mit späteren Erzählungen auf älteste Zeiten reflektiert wurde.

Interessant sind in diesem Zusammenhang all die Berichte über Engel, Erzengel, Dämonen und Teufel, die in der Bibel, aber auch in apokryphen (geheimen) Schriften sowie im Koran einen nicht unbeträchtlichen Raum einnehmen. Wir begegnen der Vorstellung von verschiedenen Engeln und abtrünnigen Engeln, die sich gegen Gott auflehnten und deshalb bestraft werden mussten. In christlichen Interpretationen wird der gefallene Engel Luzifer oder Satan gleichgesetzt. Wurde damit auf einen uralten Machtkampf zwischen überirdischen Wesen angespielt?

Bemerkenswerterweise begegnen wir solchen Machtkämpfen auch in indischen heiligen Schriften.

In der Bibel treffen wir sogar auf Erzengel, die eigene Welten erschaffen können, aber auch auf teuflische Wesenheiten wie Asasel (oder Azazel). Asasel wurden im Rahmen eines jüdischen Festes die Sünden des ganzen Volkes aufgeladen, danach jagte man ihn fort in die Wüste. Historiker vermuten, dass Asasel auf den ägyptischen Gott Seth zurückzuführen ist, ein Gott, der das Böse an sich personifizierte.

Wieder sehen wir hier den ägyptischen Einfluss, erneut fähige, höheren Wesenheiten.

Entitäten mit überirdischen oder außerordentlichen Fähigkeiten gibt es in vielen Kulturen, zuhauf bei den Griechen und Römern, aber auch bei indianischen Stämmen und in Afrika. Sie können dämonischer Natur oder gute Geister sein.

Bemerkenswert ist außerdem der Bericht, dass sich bestimmte Engel oder höhere Wesen in Menschentöchter verliebten, sich daraufhin mit ihnen vereinigten und mit Menschenfrauen sogar Kinder zeugten.

Wir erkennen also einen Übergang vom (hochfähigen) Geistwesen hinunter zum Menschen. Das versorgt uns mit einer neuen Theorie, wie der Mensch entstanden sein könnte. Aus dieser Vereinigung, so die Bibel weiter, sei ein Geschlecht von Riesen entstanden, die *Nephilim*. Einige dieser Riesen wurden als Helden der Urzeit dargestellt, andere als Feinde der Israeliten.

Die Verbindung zwischen Engeln und Menschen erzürnte Gott. In der Folge nahm er den Engeln ihre Unsterblichkeit, verstieß sie aus dem Himmel und sandte die Sintflut, um die Nephilim auszulöschen ..., verrät uns eine Version der heiligen Schriften.

Engel konnten auch Menschengestalt annehmen. Ließen sie sich allerdings von sexueller Lust verführen oder mordeten, wurde ihnen die Rückkehr in den Himmel verwehrt.

Haben wir diese und andere Geschichten als reine Märchen zu behandeln oder als Erzählungen, nur dazu gedacht, die Menschen auf dem richtigen Pfad zu halten? Oder steckt ein wahrer Kern in diesen Legenden, der darauf hindeutet, dass einst mächtige Wesenheiten sich um den Besitz der Erde stritten?

Soll man diese Geschichten auf extraterrestrische Einflüsse von Außerirdischen beziehen, von galaktischen Invasoren, die sich heftig gegenseitig bekriegten? Oder soll man von Meutereien in den Reihen dieser mächtigen Wesen sprechen?

Den Spekulationen sind keine Grenzen gesetzt.

Riesen in den Berichten der Völker

Innerhalb der Archäologie ist längst bewiesen, dass es tatsächlich in der fernen Vergangenheit Riesen auf der Erde gab. Allein die Existenz der Dinosaurier – von Tyrannosaurus Rex bis hin zum Brontosaurus, von Riesenvögeln bis hin zu Riesenfischen, die es ganz unzweifelhaft gab – könnte uns davon überzeugen, dass ehemals in anderen Größenordnungen gedacht und gehandelt wurde als heute. In fast allen Erdteilen, nicht nur in Italien oder China, hat man Riesengräber entdeckt, gigantische steinerne Anlagen und Menschenknochen, die verraten, dass es ehemals tatsächlich riesenhafte Vertreter der Spezies Mensch gab.

Riesen an sich werden in den verschiedenen Legenden unterschiedlich gezeichnet. Manchmal verfügen sie zusätzlich über mentale oder spirituelle Fähigkeiten. Das heißt, es werden ihnen nebst den Körperkräften auch magische Talente zugesprochen. Mitunter sind sie auch nur dumm und hinterhältig.

Die alten Griechen sprachen gern und oft von Riesen, von Titanen im Falle der Götter, die vor Zeus regierten. Und sie kannten auch den einfältigen, einäugigen Kyklops, einen beschränkten Riesen, den Odysseus mit List besiegte.

Unter den Ureinwohnern Nordamerikas gab es ebenfalls Riesen, wenn wir den indianischen Erzählungen Glauben schenken.

Weiter begegnen wir ihnen zuhauf bei den alten Germanen. Sie kennen gleich mehrere Riesen. Auch dort gab es ein älteres und ein jüngeres Göttergeschlecht, nicht anders als bei den alten Griechen. Die germanischen Riesen wohnten in Riesenheimen, manchmal waren sie gleichzeitig Götter, manchmal verkörperten sie Naturkräfte wie Eisen, Feuer, Wasser oder Fluten. Germanische Riesen waren nicht nur stark, sondern gewöhnlich auch weise und klug.

Allerorten werden wir also auf Riesen hingewiesen sowie auf die Verbindung zwischen Riesen und Menschen. Es gab allerlei Variationen. Mitunter wurden Riesen als Mischwesen aus Mensch und Schlange gezeichnet. Darüber hinaus existieren Legenden von sechs- oder mehrarmigen Riesen.

In der Bibel kämpft David gegen Goliath und besiegt ihn mit Mut und Intelligenz. Samson oder Simson ist ein anderer biblischer Riese, der aufgrund seiner Stärke unbesiegbar ist, solange nur sein Haupthaar ungeschoren bleibt. Erst als dieses Geheimnis von seiner Frau verraten wird, kann man ihn gefangen nehmen und besiegen. Er wird geblendet und geschoren. Doch als sein Haupthaar wieder nachwächst, bekommt er seine ursprüngliche Stärke zurück. Er bringt einen Tempel des Gegners zum Einsturz und reißt dreitausend Feinde mit sich in den Tod.

Riesen begegnen uns auch in der osmanischen Literatur: wilde, wüste Kreaturen der Vorzeit, die zusammen mit Dschinn, mit Geistern oder Dämonen, in der Urzeit die Erde bevölkern. Manchmal haben sie ebenfalls magische Kräfte.

Riesenknochen aus China, Afrika und Europa überzeugen uns jedenfalls bis heute von der ehemaligen Existenz von Giganten. Auch Riesenbauten aus schwersten Quadern könnten darauf hindeuten. Und zu guter Letzt lassen uns zahlreiche Märchen und Legenden rund um den Globus annehmen, dass es sich bei Riesen nicht um frei erfundene Geschichten handelt, sondern dass sie einst tatsächlich existierten. Wie sonst könnte es zu dieser Vorstellung gekommen sein – weltweit, in Hunderten, ja vielleicht Tausenden von Schriften und Erzählungen?

Und so neigen wir zu der Annahme, dass sowohl den Berichten über Riesen als auch über Wesen mit besonderen Fähigkeiten (Engel, Dschinn, Dämonen, Götter) Realität zuzusprechen ist, eben weil sie rund um den Globus und in den unterschiedlichsten Kulturen auftreten.

Dies würde bedeuten: Unsere Vergangenheit, die Urzeit, die vergangenen und vergessenen Millionen Jahre waren möglicherweise viel aufregender, wilder und kämpferischer, als wir uns dies heute in unseren kühnsten Träumen vorstellen.

3. Die Faszination des Hinduismus und seine vier ewigen Wahrheiten

Bevor wir fortfahren und indische Mythen genauer untersuchen, ist es angebracht, einige positive Worte über den Hinduismus zu verlieren, der in unseren Breiten oft zu Unrecht abqualifiziert wird.

Dabei gibt es kaum eine faszinierendere Religion als den Hinduismus. Keine andere Religion ist so reich an Anschauungen, Philosophien und Theologien – die alle unter dem Dach des Hinduismus versammelt sind. Vier höchst erstaunliche, ewige Wahrheiten existieren innerhalb des Hinduismus, die später die gesamte Welt eroberten, auch die westliche – nur wissen wir das kaum.

Wir prophezeien, dass der Hinduismus, der rund eine Milliarde Anhänger besitzt und die drittgrößte Religion auf der Welt ist – nach dem Christentum mit rund 2,4 Milliarden Anhängern und dem Islam mit etwa 1,8 Milliarden –, in Zukunft noch erheblich mehr Aufmerksamkeit erfahren wird, eben aufgrund seiner vier ewigen Wahrheiten, auf die wir gleich zu sprechen kommen werden.

Doch definieren wir zunächst den Begriff.

Im Ausdruck Hinduismus steckt das Wort *Hindu*, womit ursprünglich ein Bewohner an den Ufern des Flusses Indus bezeichnet wurde. Der Indus durchzieht große Teile Indiens und Pakistans (das in politischer Hinsicht einst zu Indien gehörte). Der Begriff Indus wiederum bedeutete ursprünglich »Fluss«.

Als die Religionswissenschaft sich des Begriffes bemächtigte, wandelte sich die Bedeutung. Zahlreiche religiöse Ansichten und

Traditionen wurden nun unter den Begriffen Hindu und Hinduismus zusammengefasst. Der (religiöse) Hinduismus entwickelte sich über einen langen Zeitraum, er reicht mindestens 3500 Jahre zurück; einige Wissenschaftler schreiben ihm sogar eine Dauer von 10 000 Jahren zu, fußt er doch zum Teil auf den uralten Veden. Rund 92 Prozent aller Hindus leben nach wie vor in Indien. Der Hinduismus verdrängte dort weitgehend den Buddhismus; doch es gibt mittlerweile auch Hindus in Nepal, Indonesien, auf Mauritius, auf den Fidschi-Inseln, in Sri Lanka, Bangladesch, Malaysia, Pakistan, Burma und Kambodscha, ja selbst in Großbritannien, US-Amerika und Deutschland – der Hinduismus eroberte die Welt.

Wenn Wissenschaftlicher aufgefordert werden, den Hinduismus inhaltlich zu definieren, tun sie sich ausnahmslos schwer – weil die Zeitspanne schier unüberschaubar ist und die Verbreitung so weiträumig. Und es ist wahr: Man findet im Hinduismus so viele Traditionen und Götter wie in keiner anderen Religion, man begegnet Hunderten, ja vielleicht sogar Tausenden von Göttern. Jeder Hindu besitzt das Recht, sich gewissermaßen seinen eigenen Gott auszusuchen. Oder er verehrt gleich mehrere Götter, was ihm ebenfalls gestattet ist. Der Hinduismus ist also keine Offenbarungsreligion, in der ein einziger Gründer oder ein einziger Gott postuliert wird (wie im Christentum, das auf Jesus Christus zurückführt, oder im Islam, der von Mohammed aus der Taufe gehoben wurde). Der Hinduismus ist eine Volksreligion. Sie wucherte und wuchert noch immer wild, die verschiedensten Zweige wuchsen und wachsen an dem Baum, der sich Hinduismus nennt, zahlreiche Traditionen und Glaubensbekenntnisse fanden Einzug. Weisheitslehrer und Priester (Brahmanen), Heilige und Asketen, Gurus und Yogis prägten den Hinduismus und drückten ihm ihren eigenen Stempel auf.

Damit sind wir unvermittelt bei der ersten der vier ewigen Wahrheiten, wie wir sie genannt haben.

Nr. 1: Unvorstellbare Toleranz

In religiöser Hinsicht (nicht unbedingt in politischer Beziehung) ist der Hinduismus unglaublich tolerant. Eine wichtige spirituelle Strömung innerhalb dieser Religion verehrt *Brahma*, den Erschaffer der Welt, eine zweite *Vishnu*, den Erhalter und Bewahrer, eine dritte *Shiva*, den Vollender oder Zerstörer. Das heißt, innerhalb des Hinduismus gibt es zahlreiche Sekten oder Konfessionen. Grundsätzlich kann jeder glauben, was ihm zusagt; er kann sich seine Götter auswählen, genau wie die Verehrungsriten, die Gebete, die Kleidung, ja die Glaubensinhalte an sich. Man kann *Shakti*, die kosmische Energie oder göttliche Mutter, in den Vordergrund rücken und verehren, oder *Ganesha*.

Ganesha? Die wörtliche Bedeutung ist: der »Herr der Scharen«. Gern wird er als dicker, glücklicher Elefant dargestellt. Er wird auch »Entferner der Hindernisse, Wohltäter, der, der Erfolg bei der Arbeit schenkt, oder der mit dem einen Stoßzahn« genannt. Ganesha gilt als begnadeter Tänzer und hervorragender Liebhaber, der mehrere Frauen gleichzeitig beglücken kann. Er ist ein naschhafter, ewig hungriger, gütiger, humorvoller, verspielter und schelmischer Gott, voller Schabernack – und deshalb unvorstellbar populär im Hinduismus.

Noch einmal: Götter sind im Hinduismus wohlfeil zu haben, sie repräsentieren alle möglichen Eigenschaften. Das bedeutet: Keine andere Weltreligion auf der Welt ist so tolerant wie der Hinduismus. Er umarmte sogar den hochspirituellen Buddhismus und nahm dessen Lehren in sich auf, wenn diese Umarmung den Buddhismus auch fast erdrückte. Darüber hinaus gibt es im Hinduismus sogar eine Himmel- und Höllentheologie – in einigen Varianten. Alles ist erlaubt. Toleranz gegenüber verschiedenen Ansichten ist das Markenzeichen des Hinduismus.

In unseren Breiten hingegen wurde das Gebot der Toleranz

und die Einsicht in ein solches Zusammenleben recht spät formuliert und teilweise hart erkämpft. Es bedurfte in Frankreich eines Voltaire, in Großbritannien eines John Locke und in Deutschland eines Gotthold Ephraim Lessing, bis sich der Toleranzgedanke langsam in unsere Hirne und Herzen einschlich. Mit reichlicher Verzögerung erkannte man in Europa, wie klug es ist, alle Religionen zu respektieren und nicht zu versuchen, einen anderen Zeitgenossen zu den eigenen Glaubensüberzeugungen mit dem Schwert zu bekehren.

Hinsichtlich Toleranz ist der Hinduismus vorbildlich.

In Europa wurden Ketzer, Häretiker und Abweichler lange Zeit ausgegrenzt oder sogar auf dem Scheiterhaufen verbrannt. Oder man versuchte, sie gewaltsam zu bekehren, damit sie ihrem Irrglauben abschworen.

Der Inder begriff viel früher als der Europäer, dass man eine Religion, eine Weltanschauung oder einen Glauben nicht verordnen und aufoktroyieren kann. Religiöse Freiheit war in Deutschland, Frankreich, Italien und Großbritannien lange keine Selbstverständlichkeit. Erst im 18., 19. und 20. Jahrhundert lernte man langsam, jeden nach seiner Fasson selig werden zu lassen.

Der Hindu war uns in dieser Beziehung meilenweit voraus. Jeder Gläubige kann sich praktisch aussuchen, welcher Gott ihm am meisten zusagt und wen und was er verehren möchte. Das ist insofern recht praktisch, als dass Götter mehr auf die Menschen angewiesen sind als umgekehrt, wenn Sie die leise Ironie erlauben.

Ishvara
Brahma-Vishnu-Shiva ♀ Saravati-Lakshimi-Kali

Nr. 2: Anfang, Fortdauer und Ende oder die Weltformel

Auch im Hinduismus gibt es drei Supergötter, also eine Trinität, eine »Heilige Dreifaltigkeit«, die auf Sanskrit *Trimurti* heißt.

Die drei Götter dieser Trimurti haben wir bereits kennengelernt: Es sind Brahma (der Weltschöpfer), Vishnu* (der Erhalter) und Shiva (der Zerstörer). In einigen heiligen indischen Schriften werden diese drei Götter als Erscheinungsform einer einzigen Wesenheit bezeichnet – genau wie die Heilige Dreifaltigkeit im Christentum. Im Falle dieser singulären Wesenheit spricht man von dem höchsten Gott *Ishvara.* Zahlreiche Skulpturen, die eine dreifache Gestalt in einer einzigen Person abbilden, weisen auf diese Dreifaltigkeit hin. Auch Körper mit drei Köpfen gibt es zuhauf in bildlichen, indischen Darstellungen.

Darüber hinaus existiert im Hinduismus sogar eine weibliche Dreifaltigkeit. Sie besteht aus *Saravati* (die Schöpferin), *Lakshimi* (die Erhaltende) und *Kali* (die Zerstörerin).

Beginn, Fortdauer, Ende.

Man findet in Indien bis heute zahllose Darstellungen zu diesem Zyklus: malerische, bildhauerische, filmische und anekdotenhafte.

Nun gestatte es sich der Leser einmal zu philosophieren und nachzudenken. Unsere Frage lautet: Kennen Sie einen einzigen Sachverhalt, einen einzigen physikalischen oder chemischen Umstand, der nicht dem Zyklus von Erschaffen–Fortdauer–Ende unterliegt, von Start–Change–Stop, wie man auf Englisch sagt? Tatsächlich unterliegt einfach alles dieser Weltformel, diesem ewigen Dreischritt.

Nehmen wir unseren Körper: Er wird geboren (Anfang), wächst heran und altert (Fortdauer) und stirbt schließlich (Ende).

Auch jede Kultur oder jede Zivilisation unterliegt diesem Zyklus: Sie beginnt, schreitet fort und geht unter.

*Krishna = Inkarnation Vishnus

Start, Change, Stop.
Auch jeder Gegenstand zerfällt im Laufe der Zeit. Es gibt nichts, das ewig währt. Die mächtigsten Ozeandampfer wird man eines Tages verschrotten, und selbst die stabilsten Häuser werden zerfallen.

Sogar Planeten verfügen nur über eine begrenzte Lebensdauer, auch wenn sie ein paar Milliarden Jahre währt. Selbst Sonnen verglühen am Schluss. Einfach alles entsteht, hat eine gewisse Lebensspanne und geht unter.

Kluge, scharf beobachtende Hinduisten waren die Ersten, die darauf aufmerksam machten und diesem Umstand sogar ihre drei wichtigsten Götter zuordneten: Brahma, Vishnu und Shiva.

Dieser Dreischritt ist also korrekt und von höchster intellektuell-philosophischer Bedeutung. Er lässt viele bemerkenswerte Schlussfolgerungen zu.[28]

NR. 3: DER RESPEKT VOR TIEREN UND DER VERZICHT AUF TIERQUÄLEREI

Bis heute echauffiert und erregt sich die westliche Welt über die zahlreichen Kühe in Indien, die immer noch ein Fünftel der indischen Einwohner ausmachen. Aber »heilig« sind dort auch Affen, Vögel, Elefanten, Pfaue und viel anderes Getier.

Wir können uns dieser Kritik nur anschließen. Der Schmutz und die Krankheiten, das Chaos und die Unordnung, die einige dieser Tiere verantworten, sind alles andere als begrüßenswert. Wir persönlich nehmen an, dass es sich bei dem Glauben an die »Göttlichkeit« einiger Tiere ursprünglich um einen anderen, intelligenteren, konstruktiven Gedanken handelte. Wahrscheinlich wollte man nur zum Ausdruck bringen, dass auch Tiere leben, dass sie Gefühle und Empfindungen besitzen und dass man ihnen mit Respekt begegnen sollte.

Kein anderer als der große Mahatma Gandhi, ein gläubiger Hindu, verwies darauf, dass der Hinduismus die einzige Religion auf der Welt ist, die sogar Tieren mit Achtung begegnet und die jeder Form der Tierquälerei eine Absage erteilt.

Und so viel ist wahr: Es gibt in der westlichen Welt zahlreiche Entartungen im Umgang mit Tieren. Denken wir nur an die blutigen, mörderischen Stierkämpfe in Spanien, an die grausamen Hunde- und Hahnenkämpfe in vielen Ländern und an die antike römische Arena mit ihren widerlichen Schlachtereien. Denken wir an Psychiater und verantwortungslose Ärzte im Bund mit der pharmazeutischen Industrie, die Tiere manchmal völlig gewissen- und bedenkenlos für überflüssige Experimente benutzen. Erinnern wir uns an die entsetzlich engen Hühnerkäfige und an andere fragwürdige Haltungsformen von Tieren. Tierquälerei in der westlichen Welt ist bisweilen so schlimm, dass man sich nur angeekelt davon abwenden kann.

Im Hinduismus dagegen findet man erstmalig die Lehre, dass auch Tiere voller Respekt und mit Liebe behandelt werden sollten. Und selbst wenn dieser Glaube in vielen Ausformungen stark übertrieben ist, selbst wenn er unseres Erachtens missverstanden wurde und die ursprüngliche Lehre anders lautete, und selbst wenn wir die Anbetung der Kuh nicht gutheißen, so bleibt doch das Verdienst bestehen, dass wir Tiere liebevoll zu behandeln lernen sollten.

Wer Tiere in einem Zoo genau beobachtet, erkennt schnell, wie unglücklich viele Tierarten dort sind – speziell, wenn sie an Freiheit und riesige Räume gewöhnt sind. Und wie mag sich wohl ein Vogel fühlen, der in einem Käfig gefangen gehalten wird?

Wir schließen nicht aus, dass auch in der westlichen Welt langsam ein Umdenken stattfindet, was den Respekt vor Tieren und sogar die Zuneigung zu ihnen angeht.

Zeichen dafür sind längst sichtbar – denken wir nur an all die liebevollen Hunde- und Katzenhalter.

Nr. 4: Die Unsterblichkeit der Seele

Aller Wahrscheinlichkeit nach wurde weltweit zum ersten Mal in Indien auf die Unsterblichkeit der Seele verwiesen. Indien ist das Ursprungsland zahlreicher Religionen, indische Weisheitslehrer befruchteten viele Glaubensvorstellungen.

Hinduisten glauben bis heute – jedenfalls in ihrer großen Mehrheit –, dass die Seele unsterblich ist. Sie nehmen an, dass man nicht nur einmal lebt. Sie glauben, dass der menschliche Leib von einem geistigen Prinzip, wie man vorsichtig sagen könnte, belebt und bewohnt wird. Sie nehmen an, dass sich diese Seele, das eigentliche Ich, nach dem Tod eines Körpers einen neuen Leib sucht und weiterlebt.

Sie sprechen von Wiedergeburt oder Reinkarnation, und ihre heiligen Schriften sind voll von dieser Überzeugung.

In einem Buch der *Veden,* die als Vorläufer und Inspirationsquelle des Hinduismus angesehen werden können, heißt es: »Wie eine Schlangenhaut abgestorben und abgestreift auf dem Ameisenhügel liegt, ebenso liegt der Körper nach dem Tode. Aber dieses knochenlose, körperlose, aus Einsicht bestehende Selbst nimmt sich in der Folge einen neuen Wohnsitz ...«[29]

Während es verhältnismäßig bekannt ist, dass im indischen Raum die Idee der Reinkarnation die religiösen Vorstellungen bestimmt, ist es die Verbreitung des Wiedergeburtsgedankens in anderen Kulturen weniger. Aber man höre und staune: Bei nahezu jedem Naturvolk trifft man den Glauben an eine Seele beziehungsweise an ein seelenähnliches, geistiges Prinzip an. Manchmal wird die Seele als eine dünne, körperlose Substanz beschrieben, manchmal wird sie verglichen mit Dampf, einem Häutchen oder dem Schatten. Oder auch der Atem, der Morgennebel und feiner Sprühregen wurden als Vergleich herangezogen. Solche Bilder sollen der Nichtstofflichkeit der Seelenvorstellung gerecht werden.

Aller Wahrscheinlichkeit nach verliehen allerdings die Inder und mit ihnen die *Veden*/der Hinduismus der Vorstellung der Unsterblichkeit der Seele als Erste eine solche Popularität und verbreiteten sie. Später wurde die Idee der Unsterblichkeit der Seele, ja sogar der Wiedergeburt, von zahlreichen Denkern in der westlichen Welt aufgenommen. Von Indien aus hielt die Idee der Reinkarnation auch in fernen Ländern Einzug – zuerst jedoch in Persien, Griechenland und auch in Ägypten. Der Erste, der von der Seelenwanderungslehre bei den alten Ägyptern berichtete, war der Grieche Herodot, der Begründer der kritischen Geschichtsschreibung. Er behauptete, die Griechen hätten diese Lehre von den Ägyptern übernommen. Doch diese Idee gab es schon früher – bei den alten Indern. Wie auch immer die genauen Wanderwege waren, jedenfalls liebten die alten Griechen diese Idee.

Es gibt ebenfalls erstaunlich viele Beispiele von deutschen Schriftstellern, die den Wiedergeburts-Gedanken in ihr literarisches und weltanschauliches Schaffen einfließen ließen. Busch, Claudius, Dauthendey, Döblin, Ernst, Geibel, George, Goethe, Grillparzer, Hasenclever, Hebel, Heine, Hesse, Lagerhöf, Lasker-Schüler, Lessing, Mauthner, Meyer, Much, Rilke, Rückert, Schnitzler, Seidel, Werfel und Zweig liebäugelten mit dieser Idee.

Befruchtet wurden sie alle ganz unzweifelhaft von indischen Weisheitslehrern sowie von esoterischen Schriften – die meist auf alte hinduistisch-indische Überlieferungen zurückgehen.

Wie auch immer man zu der Vorstellung der Wiedergeburt oder Reinkarnation steht, bedeutsamer ist die übergeordnete Idee: die Überzeugung von der Unsterblichkeit der Seele. Das ist die eigentliche Kernidee jeder Religion. Und da der Hinduismus, der auch auf alten vedischen Vorstellungen fußt, diese Botschaft stark weiterverbreitete, können wir diese Religion historisch als erste Quelle diesbezüglich ausmachen.

Selbst die alten Sumerer/Babylonier/Perser (im heutigen Irak) lernten (wahrscheinlich) von den alten Indern. Denn die Handelsstraßen zwischen Indien, Persien und Ägypten waren weitaus besser, als wir es uns heute vorstellen können. Und auf diesen Handelsstraßen wurden nicht nur Waren transportiert, sondern auch Götter, Engel, Teufel und religiöse Ideen.

SCHLUSSFOLGERUNG

Und so sehen wir uns heutzutage im Hinduismus einer hochinteressanten, fruchtbaren Religion gegenüber, die uns nur durch ihre zahlreichen abergläubischen Vorstellungen den Blick für konstruktive Ideen verstellt.

Wir sollten dem Hinduismus, dem wahren, dem ursprünglichen Hinduismus, Respekt zollen. Wir sollten ihm nicht nur mit Toleranz begegnen, sondern uns vor ihm verneigen. Der Hinduismus befruchtete in geistig-religiöser Hinsicht all seine Nachbarn, von China bis Indonesien, von Persien bis Griechenland. Und er befruchtete halb Europa, die Antike und die Moderne. Weiter birgt er zahlreiche höchst bemerkenswerte Ideen, was die Urgeschichte angeht. Damit sind wir wieder unmittelbar bei unserem Thema.

4. DAS WICHTIGSTE RELIGIÖSE BUCH DER WELT

Mahabharata bedeutet »Die große Geschichte der Bharatas«. Bei den Bharatas handelt es sich um einen Eigennamen, einen Familiennamen, ein Herrschergeschlecht, so wie wir etwa von den Staufern sprechen. Wir haben schon darauf hingewiesen. Es ist womöglich das wichtigste religiöse Buch der Welt. Zu diesem Urteil könnte man wenigstens kommen, wenn man die Arroganz des Westens ablegte und nicht nur die eigenen Religionen gelten ließe.

Aber warum das wichtigste Buch?

Vermutlich übernahmen die drei abrahamitischen Weltreligionen, sprich Judentum, Christentum und Islam, wichtige Anregungen und Ideen aus diesem Buch, das zwischen 400 vor und 400 nach Christus niedergeschrieben (NICHT verfasst) wurde. Es ist also eine Art Vorläufer aller religiösen Bücher.

Wie muss man sich das vorstellen?

Zu fast allen Zeiten waren die Wege zwischen Orient und Okzident, zwischen Osten und Westen, offener als man gemeinhin glaubt. Handelsrouten zwischen Asien und Europa existierten schon vor Tausenden von Jahren. Auf ihnen wurden nicht nur kostbare, seltene Waren transportiert, sondern auch Ideen ausgetauscht. Man befruchtete sich gegenseitig. Der Glaube, die Vergangenheit sei primitiv gewesen, ist eine der vielen falschen Vorstellungen unserer Zeit. Nichts könnte weiter von der Wahrheit entfernt sein. Über diese Handelsstraßen gelangten auch religiöse Legenden in alle Welt.

Dabei haben wir noch nicht einmal von der Schifffahrt gesprochen, mit der man noch schneller riesige Entfernungen überbrücken konnte als über Karawanenstraßen.

Viele Vorstellungen der Bibel gelangten jedenfalls aus Indien über Sumer/Babylonien/Persien in den Westen. Auch die Vorstellung eines Letzten Gerichtes stammt ursprünglich aus Indien, wanderte von hier über Sumer/Babylonien/Persien nach Ägypten und schlich sich von dort über Italien ins Christentum ein.[30]

Das Letzte Gericht – vielleicht das entscheidende Stück Religionsphilosophie des Christentums – ging schließlich auch in den Islam ein.

Möglicherweise ist das Studium des Mahabharata-Epos die wichtigste Lektüre bei der Spurensuche nach religiösen Ideen auf der Welt. Denn die *Veden*/der Hinduismus befruchteten später halb China, Japan, Korea und viele andere Länder der Erde, wenn auch in stark abgewandelter Form.

Obwohl die Niederschrift des Mahabharata erst 400 Jahre vor Christus begann – einigen Gelehrten zufolge sogar schon 800, 700 oder 500 vor Christus, wie immer streiten sich die Autoritäten –, gab es auch in diesem Fall eine altehrwürdige Tradition der mündlichen Überlieferung, die möglicherweise Zehntausende von Jahren (oder noch länger) zurückreicht. Heutzutage machen wir uns kaum mehr eine Vorstellung davon, dass ehemals ganze Bücher von eifrigen Schülern auswendig gelernt wurden. Ohne schriftliche Zeugnisse, ohne eine Schriftsprache. Das war die einzige Möglichkeit, wichtige Gedanken zu bewahren und nicht der Vergessenheit anheimfallen zu lassen.

Aus diesem Grund verlegten einige Gelehrte den Ursprung des Mahabharata-Epos bis in die altvedische Zeit zurück, einige sogar noch früher. Doch selbst archäoastronomische Bestimmungsversuche führten bis heute nicht dazu, das wahre Alter dieses Epos zu bestimmen. Doch Beweis für sein hohes Alter – zumindest indirekt – ist der Umstand, dass das Mahabharata entfernteste Zeiten beschreibt, die über Jahrhunderttausende, ja über Millionen von Jahren zurückreichen.

Außerdem werden in ihm die unterschiedlichsten Themen und Geschichten vorgestellt, die unmöglich alle aus der gleichen Zeitperiode stammen können.

Und in diesem riesigen Epos werden nicht nur Geschichten erzählt, sondern auch philosophische Erkenntnisse vorgestellt. Es wird über den Menschen und die Götter nachgedacht. Der Ursprung des Menschengeschlechts und die verschiedenen Zeitalter, die der Mensch bereits durchlebt hat, werden genannt. Mit anderen Worten: Wenn wir wirklich etwas über unsere Urgeschichte erfahren möchten, empfiehlt es sich, dieses Epos einmal genau unter die Lupe zu nehmen. Jedenfalls ist es aufschlussreicher, als sich über das Alter eines Oberschenkelknochens zu streiten.

Der Inhalt

Wie die Bibel oder der Koran ist auch das Mahabharata nicht straff durchkomponiert. Es setzt sich aus zahlreichen Geschichten zusammen, die nichts miteinander zu tun haben und die sich recht willkürlich um die Hauptgeschichte ranken.

Dazu enthält es viele religiös-philosophische Abhandlungen, die Fragen der Ethik und Integrität betreffen und den Weg aufzeigen, wie man zu Wissen gelangt. Existenzielle Fragen werden unter anderem in dem Buch *Bhagavadgita* erörtert – wörtlich übersetzt: »In dem Gesang des Erhabenen«. Die Bhagavadgita ist ein Teil des Mahabharata. Mitunter sind es beinahe Geheimtexte. Hierauf werden wir noch genauer zu sprechen kommen. Tod und Wiedergeburt, die Macht des Karmas, das Wissen um die Power der Rechtschaffenheit sowie die letzten und höchsten Wahrheiten werden darin abgehandelt.

Die zahlreichen Erzählungen rund um die Hauptgeschichte illustrieren und erläutern – nicht anders als in der Bibel – oft nur einen bestimmten Aspekt des Lebens, sie vermitteln eine spezielle Erkenntnis. Es ist also ein Weisheitsbuch, das jahrtausendelang zur Belehrung der Inder eingesetzt wurde.

Obwohl wir heute wissen, dass viele Autoren das Mahabharata formulierten, wird traditionell der indische Weise Vyasa als Verfasser genannt. Das Wort *Vyasa* bedeutet so viel wie »Ordner der Veden«. Und das liefert uns erneut einen Fingerzeig, wie weit das Mahabharata, chronologisch gesehen, zurückreicht. Vyasa wird als ein Mann von dunkler Hautfarbe und Anhänger des Yoga beschrieben, der geschlechtlichen Verkehr im Allgemeinen mied, dennoch aber mit den kinderlosen Witwen seines Halbbruders zwei Söhne zeugte – was vielleicht für den Fortgang der Handlung notwendig war. Ein Zweig der hinduistischen Überlieferung spricht davon, dass er als die Reinkarnation Vishnus oder Brahmas anzusehen ist.

Welches religiöse Werk hätte je der Verlockung widerstanden, seinen Ursprung direkt oder indirekt auf einen Gott zurückzuführen?!

DIE KERNGESCHICHTE Bharata → Pandava

… beschreibt wie gesagt die Geschichte des altindischen Herrschergeschlechts der Bharatas, mit all seinen Verzweigungen, Nachkommen und Vorvätern. Es beschreibt die Kämpfe, die um die Macht kreisen, und die Gräuel des Krieges, der eines Tages offenbar unvermeidlich schien. Die eingeschworenen Gegner der Bharatas waren die Mitglieder des Geschlechts der Pandavas. Bei allen Aktionen, Intrigen und Auseinandersetzungen haben immer auch die Götter ihre Hand im Spiel, wie in den griechischen Sagen, wie im Kampf um Troja, wo die Götter jeweils Partei für eine der beiden Seiten ergriffen.

Der Kampf zwischen den beiden Herrschergeschlechtern wogt hin und her. Mithilfe der wildesten Tricks sucht man den Gegner zu überwinden – von der Verkleidung als Asket bis hin zu einem betrügerischen Würfelspiel. Ganze Königreiche werden dabei verspielt. Eine Art Höhepunkt stellt die gigantische Schlacht zwischen den beiden Geschlechtern dar, den Pandavas und den Bharatas. Eine Inkarnation des Gottes Vishnu gibt sich sogar dazu her, in diesem Krieg einen Streitwagen zu lenken. Vishnu, als Wagenlenker, nutzt diese Rolle allerdings, um vor dem Kampf die heiligsten und höchsten Erkenntnisse in einem Zwiegespräch preiszugeben. Zwar gewinnen nach blutigen Auseinandersetzungen die Pandavas, doch auch ihr Geschlecht verschwindet schließlich von der Weltbühne. Nur ein Vertreter überlebt. Nach der Prüfung durch einen Gott, der in einem Hundekörper inkarniert ist, gelangt der letzte Pandava zu der Erkenntnis, dass alle Schlachten, alle Bemühungen und alle Anstrengungen ohnehin nur Lug und

Trug seien und lediglich dazu gedient hätten, den Menschen auf die Probe zu stellen.

Die höchste Lehre und Weisheit: Über allem stehen Ethik und Integrität.

HISTORISCHE FAKTEN

Formal gesehen besteht das Mahabharata aus 100 000 Strophen und 1,8 Millionen Wörtern. Das Epos ist damit zehnmal so lang wie die Illias und die Odyssee zusammen. Man vermutet, dass der beschriebenen Schlacht eine wahre Schlacht zugrunde liegt. Doch über diese Vermutung kamen Historiker nie hinaus. Man weiß nur, dass dieses Epos die Geschichte vieler Generationen umfasst und in gewissem Sinn die Historie Indiens nacherzählt. Inder bezeichnen sich heute noch manchmal als Bharatias oder Bharatas und Indien selbst als *Bharata Varsha* – »das Land der Bharatas«.

Die »Große Geschichte« ist damit eine der wichtigsten Überlieferungen der Menschheitsgeschichte und unverzichtbar, um unserer »Urgeschichte« nachzuspüren.

DIE VIER ZEITALTER DER MENSCHHEITS-GESCHICHTE

Wie bereits angedeutet: Im Mahabharata wird zwischen vier Zeitaltern unterschieden. Wir leben heute angeblich im letzten Zeitalter, dem sogenannten Kali Yuga, in dem Tugend und Ethik zunehmend verfallen. *Kali Yuga* bedeutet wörtlich »Zeitalter des Streites« oder »Zeitalter des Verfalls und des Verderbens«. Der Herr dieses Zeitaltes ist der schwarze Dämon Kali, eine destruktive Reinkarnation des Gottes Vishnu, der schon immer stellvertretend für das Konzept der Zerstörung stand.

Das Kali Yuga umspannt Hunderttausende von Menschenjahren. Manchmal wird die Zeit allerdings auch in »Götterjahren« gemessen. Ein Götterjahr entspricht 360 Menschenjahren. Einer Quelle zufolge soll das Kali Yuga 432000 Jahre dauern und 3102 oder 3227 vor Christus begonnen haben.[31]

Die vier Zeitalter werden auch als goldenes, silbernes, kupfernes und eisernes Zeitalter bezeichnet, Kali Yuga entspricht dem eisernen Zeitalter.

Das goldene Zeitalter wird Satya Yuga genannt, es dauerte 1728000 Jahre. *Satya* bedeutet »Wahrheit« oder »Integrität«. Es ist ein Zeit- oder Weltenalter der Glückseligkeit und der Perfektion. Dass Goldene Zeitalter in zahlreichen Religionen und Weltanschauungen beschworen werden, ist bemerkenswert. In diesen vollkommenen Zeitaltern gibt es keinerlei Gewalt, es regiert die Liebe.

Auf das Satya Yuga folgt das Treta Yuga, das zweite Zeit- oder Weltenalter. *Treta* bedeutet »Dreizahl«. Es dauert 1296000 Jahre. Nur zu drei Vierteln ist dieses Zeitalter gut.

Das dritte Weltenalter ist das Dvapara Yuga mit einer Dauer von 864000 Jahren. Es ist nur zur Hälfte ideal. *Dvapara Yuga* bedeutet »Das Zeitalter der zwei«, weil es zweimal so lang ist wie das Kali Yuga. Moral und Ethik sind deutlich im Niedergang begriffen.

Daraufhin folgt wie gesagt das Kali Yuga, das Zeitalter des Verfalls, die Jetztzeit.

Noch einmal im Überblick:

- Satya Yuga: 4800 × 360 = 1728000 Jahre
- Treta Yuga: 3600 × 360 = 1296000 Jahre
- Dvapara Yuga: 2400 × 360 = 864000 Jahre
- Kali Yuga: 1200 × 360 = 432000 Jahre

Der gesamte Zyklus dauert also insgesamt 4320000 Jahre.

Tausend solcher Zyklen sind nur so lang wie ein einziger Brahma-Tag.[32]
Brahma ist der höchste Gott.
Danach beginnt der Zyklus wieder von vorn.
Mit anderen Worten: Wir bewegen uns hier in nie zuvor gedachten Zeitdimensionen!

Halten wir noch einmal fest: Goldene Zeitalter sowie Zeitalter des Verfalls begegnen uns in verschiedenen Geschichts-Philosophien. Und dass sich Zeitalter wiederholen, ist eine weit verbreitete Idee; denken wir nur an die alten Maya oder an den griechischen Philosophen Pythagoras.

Die Idee der ewigen Wiederholung der Geschichte ist durch die systematische Beobachtung der Sterne inspiriert, die ja ebenfalls immer den gleichen Verlauf nehmen, wenn man ihre Bahnen verfolgt. Und dieser Verlauf wiederholt sich scheinbar »ewig«.

Frappierend ist jedoch die Selbstverständlichkeit, im Rahmen von Millionen von Jahren zu denken, ja eigentlich von Milliarden, Billionen und Trillionen von Jahren. Der Hindu jongliert damit so lässig wie ein Akrobat mit seinen Kugeln.

Göttern wird ein anderes Zeitkonzept zugestanden als Menschen, aber selbst das Menschengeschlecht müsste in umfassenderen Größenordnungen denken – belehrt uns das Mahabharata, indirekt.

Am Ende des letzten eisernen Zeitalters, so werden wir aufgeklärt, tritt eine Wende ein. Alles beginnt von vorn, alles wendet sich zum Besseren. Es gibt unterschiedliche Prophezeiungen. Ein neuer Buddha erscheint im Buddhismus, der sich in diesem Fall vom Hinduismus befruchten ließ, in anderen (hinduistischen) Schriften werden andere Zukunftsaussichten vorgestellt.

Da die Wiedergeburt ein fester Bestandteil des Epos ist, können Menschen und Götter wieder zum ursprünglichen Goldenen Zeitalter zurückkehren.

WEITERE AUFFÄLLIGKEITEN

Die Rede ist von verschiedenen Göttern mit zum Teil höchst unterschiedlichen Eigenschaften. Sie lassen uns an ein Raumfahrtzeitalter denken, in dem das Problem des Überlebens eines Körpers längst gelöst ist. Die Inder dachten und denken bis heute nicht in der winzigen Zeitspanne eines einzigen Körperlebens, sondern erlauben es Göttern ebenso wie spirituell erleuchteten Menschen, sich nach dem Tod eines Körpers den nächsten Leib zu nehmen. Nicht der Körper ist unsterblich, sondern die Seele oder das Ich, das Atman oder das Brahman oder mit welchen Ausdrücken man in diesem Zusammenhang operieren will.

Es gibt im Mahabharata Götter und Dämonen, höhere Welten und untere Welten, positive Entscheidungen und Flüche – kurz: Gut und Böse. Beide Mächte sind mit gewaltiger Power ausgestattet.

Das führt uns übergangslos zum Kern dieses Epos, zu seinen Geheimschriften und zur Bhagavadgita.

DIE BHAGAVADGITA UND DER MENSCH

Bhagavad bedeutet »Lied« oder »Gedicht«, *Gita* »der Erhabene« oder »Gott«. Die Bhagavadgita ist also der »Gesang des Erhabenen« oder das »Gedicht Gottes«. Die Grundlage für dieses Gedicht bieten die weitaus älteren Veden. Niedergeschrieben wurde die Bhagavadgita indes zwischen dem 5. und 2. Jahrhundert vor Christus. Der Gesang des Erhabenen ist zwar ein Teil des Mahabharata, aber ohne Frage sein innerster Kern.

Äußerlich betrachtet handelt es sich um ein Zwiegespräch zwischen dem Gott Vishnu – genauer gesagt einer Inkarnation Vishnus namens Krishna – und einem Schüler. Vor der Schlacht zwischen den beiden großen Familien, von denen wir schon gesprochen haben, legt Vishnu/Krishna seine Lehren, Einsichten und Unterweisungen dar.

Was lernen wir?

Das wahre Selbst wird als Atman bezeichnet, Brahman repräsentiert das Göttliche. Wir würden vielleicht von Seele/Ego auf der einen Seite und Gott auf der anderen Seite sprechen. Hüten müsse man sich vor der Täuschung, der Illusion, der *Maya*. Das heißt, die wahrgenommene Welt, die uns umgibt, bietet nur Äußerlichkeiten, sie ist nicht die höhere »wirkliche Wirklichkeit«.

Keinesfalls darf sich das Selbst (Atman) mit dem Körper identifizieren. Auch der Körper ist nur eine Äußerlichkeit; und noch nicht einmal beständig.

Halten wir einen Moment lang inne: Damit haben wir ein ganz neues Konzept für die Entstehung des Menschen. Der Bhagavadgita gemäß stammt er nicht von einem Tier ab, sondern ist ein unsterbliches Wesen, das sogar die Fähigkeit besitzt, sich seiner göttlichen Natur bewusst zu werden und sich zu höheren Höhen aufzuschwingen.

Dennoch handelt es sich ebenfalls um ein evolutionäres Konzept. Die Evolution beginnt jedoch nicht bei der Materie, nicht bei Atomen oder Molekülen, nicht bei Einzellern oder mit einer Flüssigkeit, sondern sie beginnt mit dem Menschen selbst. Der Mensch hat zwei Möglichkeiten: in größere Höhen aufzusteigen oder sich in niederen Gefilden zu verlieren.

Grundsätzlich ist der Mensch göttlicher Natur, er muss sie nur erkennen und muss an sich arbeiten. Menschen dämonischer Wesensart wissen nicht um ihre göttliche Natur. Sie befolgen kein sittliches Gesetz und werden von Lust, Gier und Zorn vorangetrieben. Sie hören nicht auf ihre innere Gottesstimme. Richtig ist es auf jeden Fall, nach »oben« zu steigen.

Doch wie gelingt das?

WIE MAN EIN GOTT WIRD

Kein Hindu-Text wurde so oft gelesen, so oft auswendig gelernt und so häufig zitiert wie die Verse der Bhagavadgita. Die größten westlichen Denker haben sich erstaunt und anerkennend über sie geäußert, östliche Denker sowieso wie Mahatma Gandhi oder al-Biruni, ein berühmter persischer Gelehrter. In Deutschland verneigten sich unter anderem August Wilhelm Schlegel, Wilhelm von Humboldt und Arthur Schopenhauer tief vor diesem heiligen Text. Die Bhagavadgita beeinflusste zahlreiche Religionen, unzählige esoterische Gemeinden, Wissenschaftler, Gelehrte, Dichter und Künstler.

Der Grund liegt auf der Hand: Das Buch lehrt uns, zu höheren und höheren Stufen aufzusteigen.

Doch noch einmal nachgefragt: *Wie* gelingt das?

Die Bhagavadgita ermahnt uns zu einem Leben mit bestimmten Prinzipien: Dazu gehören Reinheit, Stärke, Selbstdisziplin, Ehrlichkeit, Freundlichkeit und Integrität. Sie lehrt uns, die Gefühle und Gesichtspunkte anderer zu verstehen und sie zu respektieren, sie bricht eine Lanze für Toleranz. Sie lehrt uns, Änderungen im Leben, denen wir alle unterworfen sind, zu akzeptieren, ja zu begrüßen.

Sie lehrt sogar das »positive Denken«, das in unseren Breiten etwa in der Mitte des letzten Jahrhunderts für eine regelrechte Bewegung sorgte, die immer noch lebt und atmet.

Die Bhagavadgita empfiehlt, sich mit konstruktiver, positiver Literatur zu beschäftigen. Sie rät, die eigene Energie auf ein Ziel auszurichten. Sie empfiehlt, in allen Situationen Ruhe zu bewahren und Personen und Sachlagen mit Geduld gegenüberzutreten.

Dieses heilige Buch beschäftigt sich allerdings nicht nur mit dem Nächsten, sondern rät zudem, das Wohl der ganzen Welt im Auge zu behalten. Es lehrt, den Dingen furchtlos ins Auge zu sehen, die eigenen Emotionen zu beherrschen und vor allem dem

Zorn keinen Raum zu geben. Auch dem Egoismus gilt es eine Absage zu erteilen. Das höchste Ziel besteht darin, anderen zu helfen. Ja, dieses erstaunliche Buch lehrt uns sogar, große Träume zu verfolgen und den Weg in Richtung Göttlichkeit einzuschlagen.

Es handelt sich um eines der konstruktivsten Ratschlag-Bücher der Menschheitsgeschichte und ist dabei doch bereits 2500 Jahre alt.

Gönnen wir uns einige wörtliche Zitate, denn es ist immer klug, der Originalquelle zu lauschen.

ZITATE AUS DER BHAGAVADGITA

[Die Reinkarnation Vishnus spricht:]

> »Nie war die Zeit, da ich nicht war, und du und diese Fürsten all,
> Noch werden jemals wir nicht sein, wir alle, in zukünftger Zeit!
> Denn wie der Mensch in diesem Leib Kindheit, Jugend und Alter hat,
> so kommt er auch zu neuem Leib – der Weise wird da nicht verwirrt.
> ...
> Es gibt kein Werden aus dem Nichts, noch wird zu Nichts das Seiende!
> ...
> Des Ewigen Vernichtung kann bewirken niemand, wer's auch sei.
> Vergänglich sind die Leiber nur – in ihnen weilt der ewige Geist,
> der unvergänglich, unbegrenzt.
> ...

Niemals wird er geboren, niemals stirbt er,
nicht ist geworden er, noch wird er werden,
der Ungeborne, Ewige ... – nimmer
wird er getötet, wenn den Leib man tötet.
Wer ihn als unvernichtbar kennt, als ewig und
unwandelbar,
wie kann ein solcher töten je, wie töten lassen?
Gleichwie ein Mann die altgewordnen Kleider
ablegt und andre, neue Kleider anlegt,
so auch ablegend seine alten Leiber,
geht ein der Geist in immer andre, neu.
...
Denn dem Geborenen ist der Tod, dem Toten die Geburt
bestimmt,
da unvermeidlich dies Geschick, darfst nicht darüber
trauern du.
...
Die Seele unverletzbar ist, ewig, in eines jeden Leib.«[33]

Eine Interpretation erscheint unnötig. So eindringlich wie in keinem anderen religiösen Text der Welt wird auf die Wiedergeburt des Menschen abgehoben und auf seine Unsterblichkeit. Das heißt, der Mensch besteht aus Körper und Seele. Und die Seele kann niemals vergehen.

Körper und Seele sind voneinander getrennt. Die Seele kann nicht getötet werden. Nach dem Tod nimmt sie sich einen neuen, frischen Leib und fährt einfach fort zu existieren. Diese Vorstellung wird von allen Seiten beleuchtet, auch mit den entsprechenden Konsequenzen. Wenn in diesem Sinne »in Wirklichkeit« der Tod nicht existiert, nicht für die Seele, braucht man den Tod auch nicht zu fürchten. Man muss ihm lediglich einen anderen Stellenwert zuordnen, eine nicht so wichtige Position.

Nur das ist weise.

Der Körper ist eine Art Kleidungsstück, das man überstreift und wieder abwirft, bevor man sich im nächsten Leben ein neues Kleidungsstück zulegt.

Bemerkenswerterweise machen praktisch alle Religionen auf die Unsterblichkeit der Seele aufmerksam. Lauschen wir noch einigen weiteren Originalzitaten, und betrachten wir nun die Tugenden und das richtige Verhalten, das gelehrt wird:

»[Wer] von Eigennutz und Selbstsucht frei, der geht zum Seelenfrieden ein.
Und: »[Sei] unparteiisch und frei von Furcht.«
(Zweiter Gesang)
...
Weitere gute Eigenschaften und Einstellungen sind »Unbekümmert, rein und tüchtig ... und unverzagt [zu sein]«.
(Zwölfter Gesang)

»[Sei] gleichmütig gegen Ehr und Schmach. Lob und Tadel gleich achtend.«

Weitere Tugenden sind »Wesensreinheit, Reinheit, Festigkeit, ständiges Studium, das heißt Lernen, sowie Redlichkeit, ferner Nichtschädigen, Wahrheit, Nichtzürnen, Nichtverleumden«.[34]
(Sechzehnter Gesang)

Generell wird gegen Leidenschaftlichkeit mobil gemacht. Wir würden heutzutage vielleicht sagen: gegen destruktive, niedere Instinkte und Emotionen.
»Das Leidenschaftliche schafft Krankheit, Weh und Schmerz.«

Dem »guten Wandel« wird das Wort geredet, es wird gegen Gewalt, Stolz, Zorn und Begierde angeschrieben. Der Verfasser der Bhagavadgita behauptet, dass sogar bestimmte Speisen einen negativen oder positiven Einfluss auf das Gemüt haben. Der Autor rät zu »schmackhaft milder, fester, lieblicher Speise« und rät ab von »scharf, sauer, salzig, allzu heiß, unmilde, streng und [Speisen] brennender Art«.

Weitere Untugenden sind »Faulheit und Nachlässigkeit«.
(Achtzehnter Gesang)

Demgegenüber stehen Ruhe, Selbstbeherrschung, Geduld und rechtes Wissen.
»Höchste Liebe zu allen Geschöpfen«[35] ist eine Kardinaltugend.
(Verschiedene Gesänge)

THEOLOGIE

Die Lehre von den Göttern oder von Gott in der Bhagavadgita ist einzigartig.

Erinnern wir uns nochmals daran, dass hier eine Inkarnation Vishnus spricht, so suggeriert uns jedenfalls der Autor des Werkes – also Gott selbst.

Vishnu ist der höchste Gott.

Mit Sicherheit hat dieser Gott kein Problem mit übermäßiger Bescheidenheit, denn er urteilt folgendermaßen über sich selbst:

»Gar viele Geburten hab ich schon durchlebt – du auch ...
Ich weiß von ihnen allen noch ...«
(Vierter Gesang)

»[Ich bin] Lehre, Läuterung, heilges Om, bin ... Weg,
Erhalter, Herrscher ... Wohnort, Zuflucht und guter
Freund, Ursprung, Vergeben, fester Stand, der Schatz, der
ewige Same auch.
Die Wärme schaff ich, Regen, Flut halt ich zurück, lass
strömen ich.
Ich bin Unsterblichkeit und Tod, bin Sein und
Nichtsein ...«
(Neunter Gesang)

»[Ich bin] der Götter Urquell und auch der Weisen
allesamt.«
...

»Wer mich kennt als den Herrn der Welt, der ungeboren,
anfangslos,
ein solcher Mensch ist nicht betört, der wird von allen
Sünden frei.«
...
(Zehnter Gesang)

»Ich bin der Ursprung dieses Alls, aus mir geht dieses All
hervor
...«

»[Ich bin] Heiland, Gott der Götter und der Herr der Welt
... End und Grenzen hab ich nicht.
Ich bin die Seele dieser Welt, in aller Wesen Herz bin ich.
Ich bin der Anfang, Mitte ich und Ende auch der Wesen
all,
... Die Sonn in der Gestirne Schar ... der Mond im
Sternenheer bin ich.
Bin [Autor] der Veden ... unter Menschen bin ich der Fürst.

[Ich bin] im Rahmen der Waffen der Donnerkeil, [bin] Erzeuger, Liebesgott, der Löwe unter den Tieren ... der Schöpfer ...
Ich bin der Tod. Ich bin die Zeit, die nie vergeht, bin der Schöpfer, der allhin schaut. Ich bin der Tod, der alles raubt, der Ursprung des, was werden soll. Mit einem Teile meiner selbst hab ich diese Welt festgestellt.«[36]
(Zehnter Gesang)

In diesem Ton geht es immer weiter.

Damit verfügen wir über eine Aussage, wer den Menschen geschaffen hat und wer für das All, die Welt, verantwortlich ist und als ihr Gründer angesehen werden sollte. Vishnu ist einfach alles, Anfang, Fortdauer und Ende, König, Fürst. Selbst unter allen Tieren ist er der Löwe, er ist der erste der Gestirne – kein Superlativ wird ausgelassen.

Kein Thema bleibt unberührt, und überall rückt sich Vishnu an die erste Stelle. Er ist der Gott des Reichtums, der erste Kriegsgott, der Gott der Gewässer und der Todesgott – ja überhaupt der erste aller Götter. Sogar das Mahabharata ist ihm zu verdanken.

Das ist vielleicht das allumfassendste theologische Konzept, das je vorgestellt wurde. Es erinnert an den allmächtigen, christlichen Gottvater und den allmächtigen, islamischen Allah. Und geht doch über diese theologische Konzeption hinaus; es ist noch allumfassender.

Da wir mit kritischem Verstand begabt sind, wissen wir heute mit Sicherheit, dass Vishnu nicht der Verfasser der Bhagavadgita ist, sondern nur ein Autor, der die Vorstellung eines allmächtigen Gottes einzunehmen sucht. Deshalb dürfen wir einige Abstriche von all den Superlativen machen. Der Autor übertreibt. Er übertreibt absichtlich, um seiner Gottesverehrung angemessenen Ausdruck zu verleihen.

Der schlafende Vishnu. Wenn er erwacht, steht der nächste Zyklus der Kreation bevor, der gleichzeitig die Zerstörung des letzten Zyklus ankündigt. Indische Skulptur im Bandhavgarh-Nationalpark

Doch er vergisst, dass in früheren Teilen der Bhagavadgita auch der Mensch mit seiner unsterblichen Seele auf ein Podest gehoben wurde; der Mensch ist ebenfalls mächtig, weit mächtiger als man es ihm bislang zugestanden hat, und er sollte sich in Richtung Göttlichkeit bewegen. In diesem Sinne ist es kontraproduktiv, Vishnu derart zu überhöhen. Denn das lässt den Menschen und seine Fähigkeiten winzig und unbedeutend erscheinen – während der heilige Text doch auf das Gegenteil abzielt.

Deshalb wird diese überschwängliche Beschreibung Vishnus an anderen Stellen des Mahabharata wieder zurückgenommen. Auch anderen Göttern wird ein hoher Ehrenplatz eingeräumt. Im Mahabharata steht folgender Satz: »Kurz gesagt gibt es dreiunddreißigtausend, dreihundertdreißig hundert und dreiunddreißig göttliche Wesen.«[37]

Für den Autor des Buches ist es angenehm, einen Gott zur Bescheidenheit zu ermahnen – wenn uns der Leser diese augenzwinkernde Bemerkung gestattet.

DAS MENSCHENBILD

Das all den Ratschlägen zugrundeliegende Menschenbild – unser eigentliches Thema – ist eindeutig. Gestatten wir uns eine Wiederholung: Immer wieder wird auf die unsterbliche Seele reflektiert. Nicht nur ein Gott wie Vishnu, der in der Inkarnation des Krishna auftritt, kann ständig wiedergeboren werden, sondern auch der Mensch.

Ein Gott kann sich seine Inkarnationen allerdings willkürlich und willentlich aussuchen. Er kann Existenzen wählen, die ihm Spaß machen. Für ihn ist das Leben ein Spiel. Vishnu nahm zahlreiche Inkarnationen an, die spannender, unterhaltsamer und unterschiedlicher nicht sein könnten. Gönnen wir uns einige Manifestationen, die aus dem Mahabharata stammen:
1. Im gesamten Epos wird nicht nur Brahma, sondern auch Vishnu für einen höchsten Gott gehalten. Vishnu galt auch als Gott der Sonne, des Lichtes und der Zeit, er konnte der Überlieferung nach sogar »den Raum ausmessen«.

Wir sollten solche Statements einmal auf ihre realistische Möglichkeit hin abklopfen; wir sollten Vishnu wieder erhöhen, nachdem wir gerade Bescheidenheit angemahnt haben. Theoretisch könnten wir Technologien annehmen, die helfen, Planeten zu erschaffen. Wir können heute schon Raumstationen errichten und in den Weltraum schießen. Eines Tages werden wir künstliche Monde kreieren können. Stehen danach künstliche Planeten auf dem Programm? Müssen wir nicht unsere Vorstellung vom Universum oder auch nur von einem Sonnensystem komplett ändern?

Vielleicht gab es in der fernsten Vergangenheit kosmische Eingriffe seitens bestimmter außerirdischer Raumfahrer-Zivilisationen? Wir sollten solch eine Möglichkeit nicht ausschließen und müssen sie auf jeden Fall als eine Variante im Auge behalten.

Dann wäre Vishnu vielleicht ein solcher Planetenbauer, der den »Raum ausmisst« und für einen Planeten die Zeit definiert.

Vishnu wurde als ein Schöpfer angesehen, der die Welt kreierte.

2. Wir begegnen Vishnu als Kämpfer gegen Dämonen. Damit gilt er nicht nur als Kreator, sondern auch als Erhalter der Welt, er sorgt sich um den Fortbestand der Welt.

Vishnu hat viele Namen. Seine weibliche Form wird *Mohini* genannt. Vishnu ist der, der das Übel oder die Sünde fortnimmt. Er ist der, der aus dem Wasser kommt, und Vertreter des Dunklen, aber gleichzeitig auch Herr des Paradieses. Er ist der Herr des Gedeihens, aber auch der Zerstörer. Er ist der Große und Allgestaltige, weil er so viele Inkarnationen annehmen kann.

Als Gott Krishna ist Vishnu der Verkünder der Bhagavadgita. Er kann als Buddha auftreten und als Retter der Welt nach dem letzten Zeitalter.

3. Dann wiederum tritt Vishnu als Mensch in Erscheinung, beispielsweise als glänzender Prinz oder tapferer Held.

In diesem Zusammenhang müssen wir uns abermals ganz unvoreingenommen fragen: Gab es unter Umständen in der fernen Vergangenheit Wesenheiten, die über eine fortgeschrittene spirituelle Technologie verfügten? Gab es Wesen, die nach Lust und Laune in dynastisch einflussreichen Familien inkarnieren konnten? Wenn das Konzept der Wiedergeburt, das einen so breiten Raum in der indischen Philosophie einnimmt, stimmig ist, wenn wir ihm auch nur ein winziges Bisschen Wahrheitsmöglichkeit einräumen, dann müsste es auch eine spirituelle Technologie geben, die sicherstellt, dass man in bestimmten Familien wiedergeboren wird – in Königsfamilien oder in einflussreichen Familien überhaupt.

Wir dürfen das Konzept der Wiedergeburt oder der Reinkarnation jedenfalls nicht aus dem Katalog der Möglichkeiten verbannen, wenn wir unserer Vergangenheit ernsthaft nachforschen und der »Urzeit« oder der »Urgeschichte« auf die Spur kommen wollen.

Wie auch immer, Vishnu begegnet uns auch als Mensch.

4. Eine seiner Inkarnationen ist der Fisch. In einer großen Flut, die auch in den heiligen Büchern der Hindus vorkommt, zieht er die Arche.

Wieder begegnen wir der Legende von der Arche! Wenn das nicht interessant ist!

Vishnu erscheint als Schildkröte, Rieseneber und Mann mit Löwenkopf. Mit anderen Worten, auch eine Reinkarnation als Tier steht auf dem Programm.[38]

Nicht einmal diese Vorstellung sollten wir nicht leichtfertig verwerfen.

Die Vorstellung der Reinkarnation, die in wenigstens fünfzig Zivilisationen vorkommt, ist oft verwoben mit der Idee, auch bestimmten Tieren Seelen zuzusprechen. Zumindest vermutet der Anhänger der Reinkarnationslehre ein geistiges Prinzip in Tieren, die besonders »wach« und »intelligent« erscheinen.

Vishnu ist also Gott, Mensch und Tier in vielen Erscheinungsformen, er ist ein Avatar – ganz nach Belieben.

Dichtung und Wahrheit

Erneut sollten wir eine Lanze für Legenden brechen. Zugegeben: Einige Aussagen sind widersprüchlich, andere müssen wir in den Bereich der Unterhaltung verweisen. Aber nicht erst der Film »Avatar« von James Cameron machte klar, dass es durchaus denkbar ist, in einen anderen Körper zu schlüpfen.

Vielleicht wird dies eines Tages technisch möglich sein, in vielen Computerspielen ist es längst der Fall.

Das Sanskritwort *Avatar* bedeutet wörtlich übersetzt »Abstieg«. Eine Gottheit steigt in eine irdische, menschliche Inkarnation hinab. In der Computer-Welt bezeichnet man als Avatar ein Bild, ein Symbol oder eine zwei- oder dreidimensionale künstliche Figur, die stellvertretend für eine Person agiert. Es kann sich um Menschen, Tiere oder erfundene Wesen handeln – alles ist möglich. Doch erst James Cameron machte in seinem sensationellen Science-Fiction-Film die Avatar-Idee der modernen, zivilisierten Welt schmackhaft. Dieser Film geriet zu dem erfolgreichsten Film aller Zeiten.

Sicher nicht ohne Grund.

Warum sollte es nicht erlaubt sein, auch in Avatar-Dimensionen zu denken?

Warum sollte man die alten Geschichten, die mit einer modernen Vorstellung operieren, von vorneherein ablehnen?

Was ist gegen die Vorstellung einzuwenden, dass es höher entwickelte Wesen als uns gibt, ausgestattet mit weit überlegenen Technologien, ja sogar im Besitz von uns weit überlegenen spirituellen und mentalen Methoden?

Wir bewegen uns im Moment in ein Raumfahrtzeitalter hinein, in dem fremde Planeten realer werden. Unser Sonnensystem wird ja immer genauer erforscht. Auch auf mentaler Ebene experimentiert man immer mehr. Das erlaubt es, dass die »unmöglichsten«, unwahrscheinlichsten Dinge wahr werden.

Vielleicht wird man eines Tages mitleidig urteilen, dass die materialistische Denkweise im 18. und 19. Jahrhundert den Fortschritt auf der Erde zeitweise verdunkelte? Vielleicht wird man wieder einer spirituellen Philosophie den Vorzug geben? Haben wir wirklich Gewissheit, was nach dem Tod passiert? 2,4 Millionen Christen, 1,8 Millionen Muslime und 900 Millionen Hindus glauben an ein Leben nach dem Tod – mehr als die Hälfte der Erdbevölkerung. Praktisch alle anderen Religionen, wie den Buddhismus, den Taoismus und den Judaismus, müsste man hinzurechnen. In praktisch allen Glaubensvorstellungen geht man von einem Leben nach dem Tod aus.

Mit anderen Worten: Das von der Mehrheit der Menschheit favorisierte Menschenbild ist nach wie vor spiritueller Natur.

Sollte es damit seine Richtigkeit haben, müssen wir unsere ferne Vergangenheit anders betrachten als bisher. Wir müssten den uralten Schriften mehr als nur ein Körnchen Wahrheit zugestehen.

Das Menschenbild und die Herkunft des Menschen müssten jedenfalls anders betrachtet werden – auf jeden Fall aus hinduistischer Sicht. Götter oder Wesenheiten mit unsagbaren Fähigkeiten in Bezug auf Materie, Energie, Raum und Zeit würden existieren.

Warum sollte uns das überraschen?

Für eine Abstammung des Menschen von einem Affen bliebe bei dieser Sichtweise kein Platz. Das Tier wäre lediglich eine Art Spielzeug, das ein höheres Wesen gelegentlich benutzt, um eine Aufgabe zu erfüllen oder um sich auf unterhaltsame Weise die Zeit zu vertreiben.

Müssen wir in Sachen entfernte Vergangenheit umdenken?

5. Urwissen: Die Veden und die Upanishaden

Die ältesten Schriften der Welt sind wahrscheinlich die Veden, zusammen mit den alten sumerischen Überlieferungen. Auf ihnen fußt zum Teil das Mahabharata.

Veda bedeutet wörtlich »Wissen«. Die Veden stellten das fortschrittlichste Know-how zur Verfügung, wie wir heute sagen würden, und zwar das Wissen der ehrwürdigen Alten, die nie genau identifiziert werden konnten.

Wahrscheinlich sind die vedischen Aufzeichnungen viel älter als allgemein angenommen, wir schätzen sie auf mindestens 10 000 Jahre, obwohl einige Wissenschaftler ihnen nur 5000 Jahre zubilligen.[39]

Doch man bedenke, dass die Veden ursprünglich nur mündlich weitergegeben wurden, von Generation zu Generation. Sie wurden Wort für Wort auswendig gelernt.

Einige Autoren behaupten sogar, die (späteren) schriftlichen Aufzeichnungen einiger vedischer Bücher seien bloß die Spitze des Wissens-Eisberges, während die geheimen, wichtigen Informationen nur mündlich weitergegeben und nie schriftlich fixiert wurden. Sie sprechen von Hunderten von vedischen Werken, die angeblich verloren gegangen sind. Wer kann, wer will ihnen widersprechen?

So oder so schlummern hier gewaltige Wissensschätze, die in unseren Breiten bislang nicht einmal ansatzweise gehoben wurden. Indien wurde in kultureller Hinsicht bei uns ja erst im 17./18. Jahrhundert entdeckt, wenn man natürlich um seine Existenz schon erheblich früher wusste.

Immerhin steht fest, dass einige Veden-Texte, die in die höchsten Dinge einzuweihen versprachen, ursprünglich nur nach einem bestimmten Initiationsritus weitergegeben werden durften, und dies nur an »Zweimalgeborene« – also an Menschen, die sich darin erinnern konnten, nicht nur einmal gelebt zu haben.

Erst ab dem 5. Jahrhundert nach Christus wurden die ersten vedischen Bücher schriftlich aufgezeichnet und teilweise in das Mahabharata integriert. Heute unterscheidet man im Allgemeinen zwischen vier Arten von Veden.

DIE VEDISCHEN TEXTE

1. Der *Samaveda* (wörtlich: »Wissen von Gesängen«) enthält größtenteils zeremonielle Texte, die einst zu bestimmten Gegebenheiten gesungen wurden.
2. In der *Yajurveda* (wörtlich: »Wissen um den Opferspruch«) erfahren wir Opferformeln und Texte des Opferrituals.
3. Der *Atharvaveda* enthält in erster Linie magische Hymnen und Zauberformeln. *Atharvan* bedeutet »Feuerpriester«. Der Atharvaveda enthält rituelle Formeln, um Kranke zu heilen, aber auch Zaubersprüche, um Feinden oder Rivalen zu schaden. Heute würden wir das der schwarzen Magie zuordnen. Er enthält weiter exorzistische Sprüche und das Wissen um die »richtige« Liebesmagie, die im Falle einer anzubahnenden Ehe anzuwenden ist.
4. Die interessanteste Art der vier Veden ist der *Rigveda* (wörtlich: »Wissen um die Verse«), denn er repräsentiert die ältesten Teile der uns überlieferten Veden.

Besonders aufregend sind die *Upanishaden*, die Bestandteil der Rigveda sind. Diese philosophischen Schriften wurden zwar erst in spätvedischer Zeit niedergeschrieben, aber sie beruhen offenbar auf originalen, mündlichen Traditionen. *Upanisad* bedeutet wörtlich »sich in der Nähe niedersetzen« oder »sich zu Füßen eines Lehrers setzen«, auch einfach »geheime, belehrende Sitzung«.

Keine Bezeichnung könnte uns neugieriger machen.

Die Upanishaden-Texte werden von Gelehrten dem *Shruti* zugeordnet, womit man im Sanskrit »das Gehörte« bezeichnet. Damit verweist man unzweideutig auf eine lange, mündliche Tradition.

In den Upanishaden wird Stellung gegen den Aberglauben des Opferns bezogen. »Die alten Weisen ... [haben nicht] ... geopfert«, werden wir belehrt.[40] Opfer sind immer ein Indiz für eine primitive Gesellschaft. Damit will man die Götter günstig stimmen und sie bestechen.

Mit den Upanishaden haben wir eine heiße Spur. Welches Geheimwissen teilten die alten Weisen ihren Schülern mit, die sich »zu ihren Füßen niedersetzen« sollten? Was waren die Inhalte der »geheimen, belehrenden Sitzungen«?

Den Autoren der Upanishaden zufolge gibt es zwei Wirklichkeiten, zwei Realitäten: Zum einen existiert die äußere, wandelbare Welt, die uns umgibt, aber die höhere, ja die höchste Wirklichkeit, die zweite Wirklichkeit, ist mit der innersten Natur des Menschen identisch. Die höchste Wirklichkeit ist der Mensch selbst, der Geist oder die Seele. Zwischen diesen beiden Welten oder Wirklichkeiten wird strikt unterschieden. Der Geist stirbt nie, er wird ständig in einem neuen Körper wiedergeboren, sobald der alte Leib dahingeschieden ist.

Immer wieder stoßen wir auf die Lehre der Wiedergeburt. Und stets wird unser gängiges Weltbild dadurch in Frage gestellt.

Damit steht der Mensch – als unsterbliche Seele – über dem physikalischen Universum. Er entsteht nicht, er existierte schon immer. Er wurde nicht geschaffen. Aus ihm heraus und *nach* ihm wurde das physikalische Universum geschaffen. Die Seele wird Gott oder jedenfalls gewissen göttlichen Talenten gleichgesetzt.

»Die eine Gottheit verbirgt sich in jedem Lebewesen, dennoch durchdringt sie alles und ist das innerste Wesen in Allem. Sie vollbringt jede Arbeit und hat ihren Wohnsitz in Allem. Sie ist das Zeugnis ablegende Bewusstsein, formlos und unsterblich.[41]

Beliebt ist der Vergleich von Körper und Geist mit zwei Vögeln, die in engster Freundschaft auf ein und demselben Baum sitzen. Der Körper isst die süßen und sauren Früchte vom Baum des Lebens, während der Geist innerlich losgelöst zusieht.[42]

Die Unterscheidung zwischen Seele (Ich, Ego, Atman) auf der einen Seite und dem Körper auf der anderen Seite ist eine Sicht, die wir bereits kennen. Aber in den Upanishaden wird sie auf die Spitze getrieben.

Sollte es tatsächlich eine Seele geben, die über Materie, Raum und Zeit steht, so müssten wir die »Erschaffung der Welt« von einem anderen Blickwinkel aus betrachten. »Die Welt« wäre lediglich ein Ausfluss der Seele. Dann wäre der Mensch ewig – hätte diesen Umstand aber bereits vergessen – und »die Welt« wäre von dem Menschen geschaffen worden, der in Wahrheit eine Art Gottwesen ist. Der Gedanke ist so revolutionär, dass man sich an ihn erst gewöhnen muss. Denn wir denken in Gottes-Kategorien, wenn es um die Erschaffung der Welt geht.

In diesem Fall würde das bisherige Gotteskonzept ausgehebelt oder erführe eine neue Bedeutung. Nach den Upanishaden kann man nämlich die Seele mit Gott gleichsetzen.

Damit aber entfernen wir uns endgültig und mit Siebenmeilenstiefeln von dem Konzept des Affen.

6. Der Aufregende Schöpfungsmythos im Alten Ägypten

Kaum eine Zivilisation befruchtete unsere europäische Kultur so intensiv wie das alte Ägypten. Wie viel dort bereits vorformuliert wurde, was später abgeschrieben und als eigene Erfindung oder »Offenbarung« in anderen Religionen ausgegeben wurde, wird bis heute von den wenigsten Wissenschaftlern realisiert.
Wir alle stehen auf den Schultern der alten Ägypter, ob wir es zugeben oder nicht. Das gilt auch für die verschiedenen Schöpfungsmythen, die wir bei ihnen aufspüren können, allerdings mit zwei Einschränkungen.

Das alte Ägypten

… bietet in puncto Mythen kein striktes, unveränderliches Bild. Der Grund leuchtet ein: Die Zeitspanne der ägyptischen Geschichte ist zu lang, und die Orte, an denen diese Mythen aufgefunden wurden, sind zu zahlreich, als dass man alle Geschichten auf eine einzige Version reduzieren könnte. Historiker unterscheiden deshalb sorgfältig zwischen verschiedenen Phasen der ägyptischen Geschichte.
Diese Unterschiede sind leichter zu verstehen, wenn man analog die rund 1500-jährige Geschichte Deutschlands ins Visier nimmt. Im Mittelalter (ca. 500 bis 1500 nach Christus) wimmelte es auf unserem Boden nur so von Rittern, Schwertern, Kaisern und Königen, während die Neuzeit mit all ihren Erfindungen und Technologien ein anderes Bild bietet. Alles veränderte sich, die

Kleidung ebenso wie die Glaubensvorstellungen, die Finanzgeschäfte genauso wie die Waffen; kein Stein blieb in diesem Deutschland auf dem anderen – und das innerhalb einer relativ kurzen Geschichte – eineinhalb Jahrtausende.

Die ägyptische Geschichte dagegen beträgt mehr als 6000 oder 7000 Jahre. Einige Ägyptologen, Archäologen und Mythenforscher glauben sogar, dass sie 10 000 Jahre alt ist. Man unterscheidet die Prähistorie, das Alte Reich, das Mittlere Reich und das Neue Reich, sowie nicht weniger als 31 unterschiedliche Pharaonen-Dynastien.

Mit anderen Worten: In dieser gewaltigen Zeitspanne änderten sich auch die Schöpfungsmythen. Sie erhielten andere Schwerpunkte: Während manche Götter einen höheren Stellenwert bekamen, wurden andere Gottheiten an den Rand geschoben. In bestimmten Städten Ägyptens erzählte man sich zum Teil früh ganz andere Geschichten in Sachen Entstehung der Welt und die Entstehung des Menschen.

Versuchen wir trotzdem, die gemeinsamen Nenner herauszufiltern. So ganz nebenbei verschaffen sie uns auch Aufschluss über zahlreiche (gegenwärtige) Umstände.

Das Weltbild

Die alten Ägypter glaubten, dass die Welt eine große Scheibe sei. Wir brauchen kaum daran zu erinnern, dass uns dieser Glaube oder Irrglaube bis ins 15./16. Jahrhundert begleitete, und das nicht nur in Deutschland. Wir übernahmen von den alten Ägyptern eine reichlich begrenzte Weltsicht, die freilich auch in anderen Völkerschaften verbreitet war.

Auf dieser Scheibe gab es eine Oberwelt, in der die Menschen lebten, darunter existierte die Unterwelt, darüber der Himmel.

Die Oberwelt wurde an jeder Ecke von vier riesigen Säulen gestützt. Das Himmelsgewölbe galt als der gewaltige Körper einer

Göttin namens *Nut,* deren riesigen Gliedmaßen sich im Westen und Osten auf die Erde stützten. Jeden Abend verschluckte die Göttin Nut die Sonne und gebar sie am nächsten Tag neu. So erklärte man sich den Tag und die Nacht.

Am wichtigsten war für die alten Ägypter das Jenseits, in dem sich die körperlosen Seelen aufhielten. Ihr ganzes Leben lang strebten sie danach, es nach dem Tode in diesem Jenseits gut anzutreffen – genau wie heutzutage viele Christen unter allen Umständen »in den Himmel kommen« wollen. Wer im alten Ägypten wenig sündigte, konnte zu unglaublichen Höhen aufsteigen; wer viel Schuld auf sich lud, landete dagegen im *Duat,* einem Ort, den man getrost als eine Art »Hölle« bezeichnen darf. Dort existierten bösartige Dämonen, Feuerseen und alle möglichen Arten von Fallen und üblen Kreaturen.

Das Christentum übernahm diese Vorstellung sicherlich nicht eins zu eins, aber die Parallelen des christlichen Glaubens mit der altägyptischen Religion sind zu offensichtlich, als dass man sie wegdiskutieren könnte. In einem Letzten Gericht wurde der Dahingeschiedene von Göttern und Richtern auf Herz und Nieren geprüft, bevor man den endgültigen Urteilsspruch über ihn verhängte.[43] Erst dann landete er im Himmel oder in der Hölle.

Wieder lässt das Christentum grüßen, auch mit dem Letzten Gericht.

Die alten Ägypter waren besessen von dieser Vorstellung, die anfangs als Geheimwissen galt, die später jedoch in verschiedene Religionen eindrang, massiv auch in den Islam, der heute die beherrschende Religion auf ägyptischem Boden ist und teilweise sogar einige der Sitten und Gebräuche von den alten Ägyptern übernahm – ohne es zu wissen. So ist etwa der Glaube an Dschinn/ böse Geister altägyptischen Ursprungs, weiter der Glaube an die Kraft der Flüche und ferner die Annahme, dass der Schatten einer Person ein wichtiger Bestandteil des Menschen sei und mit Sorgfalt beobachtet werden müsse. Auch die Sitte, Koranverse auf

Amulette zu schreiben, um sich gegen Unheil zu schützen, geht letztlich auf die alten Ägypter zurück. Schon sie versahen Särge und Amulette mit heiligen Inschriften. Der Glaube an die heilende Kraft des Wassers und die Annahme, dass es besondere Bäume, Heilsträucher und Heilpflanzen gibt, ist jedoch sowohl altägyptischen Ursprungs, als auch in zahlreichen anderen Ländern und Kulturen zu finden.

Die Existenz der Pyramiden, die zahlreichen kostbaren Gräber und Grabbeigaben, die Mumifizierung, der Reichtum der ägyptischen Priesterkaste im alten Ägypten und vieles mehr ist im Übrigen nur zu verstehen, wenn man begreift, dass Priester das Land vollständig beherrschten. Es gab nichts, was auch nur im Ansatz der Bedeutung der Religion und ihren Priestern gleichgekommen wäre. Kein Land und keine Kultur, keine Zivilisation und keine Nation waren je derartig von Religion durchdrungen wie das alte Ägypten.

Deshalb verwundert es nicht, dass auf diesem Boden zahlreiche Mythen gediehen.

DER HELIOPOLIS-MYTHOS

Heliopolis (griech. = »Sonnenstadt«, *On* hieß der Ort im Alten Testament) war einst die bedeutendste Stadt in Nord-Ägypten, vor (von Archäologen vermutet) 7000 Jahren! Hier sei einst die Welt entstanden, glaubten die Stadtbewohner.

Welche Zivilisation wäre je der Illusion entgangen, der wichtigste Ort der Welt zu sein?

Der bedeutsamste Gott war *Atum* (Amun) und/oder *Re* (auch *Tem, Tem-Re, Amun-Re* oder *Atum-Re* genannt); die beiden bildeten eine Einheit. Atum galt als Schöpfer- und Himmelsgott, als ein Gott, »der sich selbst erschaffen hat«. Der Name bedeutete aber auch »Alles« oder »Gesamtheit«, »vollständig sein« oder

»das Universum«. Atum war der Schöpfer, der König der Götter, er war die Sonne. Er konnte ein Unwetter vertreiben und erinnert in dieser Form ein wenig an den griechischen Zeus, der freilich Blitze schleuderte, den Donner ertönen ließ und Unwetter herbeiführte. Atums Erscheinungs- und Darstellungsformen waren die Schlange, der Widder, der Löwe, eine Wieselart, der Skarabäus und der Affe. Besonders gern wurde jedoch sein Bezug zur Sonne dargestellt, die man als die Quelle des Lebens ansah. Atum war der Schöpfer des Diesseits und des Jenseits (Duat). Re beschrieb mehr den Sonnenaufgang, Atum den Sonnenuntergang.

Zu Anbeginn, so glaubten die alten Ägypter, existierte kein Leben auf der Erde, es herrschte nur tiefste Finsternis. Es gab lediglich ein nicht näher bezeichnetes Urgewässer. Atum erschuf sich selbst, er tauchte plötzlich aus dem Wasser auf. An der Stelle, da er aus dem Wasser trat, schob sich auch Land aus dem Urgewässer, es entstand ein »Urhügel«.

Atum wählte diesen Urhügel als Orientierungspunkt. Auf ihm wurde später Heliopolis errichtet, die Sonnenstadt.

Aber zunächst mussten die Götter geschaffen werden. Atum spuckte den Luftgott *Schu* einfach aus – seinen Sohn – und würgte daraufhin aus seinem Schlund die Feuergöttin *Tefnut* – seine Tochter. So leicht lassen sich Götter herstellen!

Und als die beiden Götterkinder eines Tages Atum den Rücken kehrten und ihn verließen, weinte der Schöpfergott herzerweichend. Aus den Tränen entstanden die ersten Menschen, weiß der Mythos. Immer noch traurig über den Verlust seines Sohnes und seiner Tochter, sandte er ein Auge aus, um die beiden zu suchen. Doch als das Auge mit ihnen zurückkam, entrüstete sich das Auge, denn Atum hatte es inzwischen durch ein anderes Auge ersetzt. Atum beschwichtigte das erste Auge, stattete es mit zusätzlicher Macht aus und setzte es sich auf seine Stirn, wo es sich in eine aufbäumende Kobra verwandelte – die Uräusschlange –, die ihn künftig vor bösen Mächten und Feinden schützen sollte.

Dem »dritten Auge« auf der Stirn wird bis heute in Esoterikkreisen eine besondere Bedeutung beigemessen; es gab Anlass zu vielfältigen Interpretationen. Die Vorstellung des »allsehenden« Auges wurde auch im Christentum übernommen; denn Gottvater, so lehrt die Bibel, »weiß alles und sieht alles«.

Früh stellte man Atum eine Gemahlin an die Seite, die später Göttin *Hathor* genannt und als Kuh dargestellt wurde. Sie diente als Symbol der Fruchtbarkeit.

Doch Atums Geschichte hatte gerade erst begonnen: Atums Sohn und Tochter (Schu und Tefnut) verliebten sich ineinander. Tefnut gebar zwei Kinder, *Geb* und *Nut*, die einander ebenfalls in Liebe zugetan waren. Doch Schu war mit dieser Verbindung nicht einverstanden. In der Folge verbannte er Nut in den Himmel, wo sie zur Himmelsgöttin geriet – wir haben bereits von ihr gehört. Geb blieb auf dem Boden, auf der Scheibe, als Gott der Erde. Nut und Geb gelang es dennoch, vier Kinder zu zeugen: Osiris, Isis, Seth und Nephtys, auf die wir gleich noch genauer zu sprechen kommen werden, sind einzigartige Figuren.

Der Übersichtlichkeit halber hier jedoch zunächst noch einmal die vier Götter-Generationen:
1. Atum-Re (Schöpfergott/Sonnengott) und Hathor, die Göttin der Fruchtbarkeit, als Atums Gefährtin.
2. Schu (Luftgott) und Tefnut (Feuergöttin)
3. Nut (Himmelsgöttin) und Geb (Gott der Erde)
4. Osiris, Isis, Seth und Nephtys

Nachtragen müssen wir noch ein Wort zu Re oder Ra, der Amun gewissermaßen ergänzte. Zusammen repräsentierten sie die Sonne, die das Leben auf der Erde überhaupt erst ermöglichte. *Re* bedeutet wörtlich übersetzt »Sonne«. Deshalb wird er oft mit einer runden, roten Scheibe auf dem Haupt dargestellt.

Später wurden Atum/Re zahlreiche Heiligtümer errichtet, auch an anderen Orten. Re galt mehr und mehr als der Erhalter der Welt – was uns an die heilige Dreifaltigkeit der Inder erinnert, mit Brahma, Vishnu und Shiva als den drei Hauptgöttern, die für die Erschaffung, den Fortbestand und die Zerstörung verantwortlich waren. »Sohn des Re« nannten sich die Pharaonen, womit sie sich selbst Göttlichkeit zuwiesen. Die beiden Götter Atum und Re verschmolzen später zu Atum-Re. Der Obelisk war Res Kennzeichen, die Spitzsäule repräsentierte einen Sonnenstrahl.

Wenn wir heute an verschiedenen Orten der Welt Obelisken sehen – diese riesigen, in den Himmel stürzenden, schmalen, steinernen Ungetüme, die oben in einer kleinen pyramidenförmigen Spitze münden –, so haben wir die Überreste der altägyptischen Religion vor uns. Bis heute begegnen wir Obelisken in der Hauptstadt der USA, Washington, D. C., oder in Italiens Hauptstadt Rom sowie an vielen anderen Orten.

Interessant ist auch die Sonnenscheibe, die Re in vielen Darstellungen über einem Falkenhaupt trägt. Der Falke symbolisiert Schutz, die tiefrote Farbe der Sonnenscheibe wird von einigen Ägyptologen dem Planeten Mars gleichgesetzt.

Mehr als ein Science-Fiction-Autor glaubte deshalb bereits, in Re den Vertreter einer außerirdischen Art erkennen zu können, die auf dem Mars angesiedelt sei, von hier aus operierte und über die Erde herrschte.

Einfach alles gab Anlass zu Spekulationen.

Re und Atum waren jedenfalls die erste Riege der ägyptischen Götter. Sie herrschten unumschränkt.

Andere Mythen

Ein anderer Mythos weiß, dass Re eines Tages einem Hügel entstieg, um die Menschheit zu erschaffen. Danach zog er sich wieder in den Himmel zurück und fuhr tagsüber in einer Sonnenbarke über den Himmel. Brach die Finsternis herein, stieg er auf eine Nachtbarke um und fuhr durch das Totenreich.

Schon an dieser einzigen Variante erkennen wir, dass es unterschiedliche Mythen gab und verschiedenen Göttern im Laufe der Zeit unterschiedliches Gewicht beigemessen wurde.

Es wird zudem berichtet, dass Re anfangs auf der Erde lebte und eine geradezu vollkommene Herrschaft ausübte, auch, weil es paradiesähnliche Zustände gab.

Wieder begegnen wir der Vorstellung eines Paradieses, eines perfekten Glücksortes.

Einem anderen Mythos zufolge musste Re die Menschen gelegentlich korrigieren: Als ihn einige Menschen nicht gebührend ehrten, sandte er sein Auge in Gestalt einer Göttin aus, um die Frevler zu bestrafen. Diese Göttin hieß *Sachmet*, ihr Name bedeutete »die Mächtige«. Dargestellt wurde sie gern mit einem Löwenkopf. Später geriet sie zur Göttin des Krieges. Die Re-Frevler wurden jedenfalls durch ein Auge Res oder durch die Göttin Sachmet vernichtet.

Auch hier sieht man eine Parallele zu anderen Göttersagen. Die Vernichtung der Menschen durch Götter oder durch einen Gott ist so alt wie die Welt selbst.

Die vierte Götter-Generation

Derweil sich der Mythos über die erste Götter-Generation verbreitete, während er verändert, variiert, ergänzt und ausgeschmückt wurde, geschah das gleiche mit der vierten Götter-Generation, also mit Osiris, Isis, Seth und Nephtys. Im Laufe von Jahrtausenden gerieten sie zu den wichtigsten Göttern – ganz wie bei den alten Griechen, bei denen später die erste und zweite Riege der Götter verdrängt wurde und Zeus über alle herrschte.

Zu dem mächtigsten und interessantesten ägyptischen Gott wurde Osiris, der, wie Jesus Christus, von den Toten auferstand, nachdem er ermordet worden war.

OSIRIS

Osiris ist der Gott des Jenseits, der Totengott. Sein Leben und Sterben sowie seine Wiederauferstehung liest sich wilder als jede Räubergeschichte. Kurz gesagt kämpfen die zwei Götter-Brüder Osiris und Seth um die Vorherrschaft, um den Thron. Wer ist stärker, wer mächtiger? Osiris wird am Schluss von seinem (bösartigen) Bruder Seth getötet, der ihn in rasender Wut zerstückelt und seine Gebeine und Teile in alle Winde und Weltgegenden zerstreut. Osiris soll nie wieder ins Leben zurückkehren können.

Die altägyptischen Quellen sprechen von zwei unterschiedlichen Todesarten: Einmal ertrinkt Osiris, ein anderes Mal ermordet ihn sein Bruder Seth. Bleiben wir bei der letzten Version. Seth, jetzt der stärkste Gott, siegt letztlich nicht, denn Horus, Osiris' Sohn, rächt seinen Vater und entmachtet Seth in verschiedenen Kämpfen.

Außerdem wird Osiris von seiner Schwestergemahlin Isis wieder zum Leben erweckt, er wird wiedergeboren. Sie sammelt geduldig die in alle Winde zerstreuten Leichenteile ein und wendet dann ihre Magie an. Das Ergebnis: Ein Gott ersteht wieder auf! Osiris wird wieder zum Leben erweckt! Ein zweites Leben, die Wiedergeburt, ist gelungen! In der Folge nimmt Osiris' Bedeutung stetig zu. Jeder Ägypter will sich vor allem mit dem Gott des Jenseits gutstellen, weil dieser ja den Tod besiegt hat. Osiris entscheidet über die Zukunft im Jenseits eines jeden Ägypters, über dessen Ewigkeit. Deshalb stellt man sich besser gut mit diesem Gott!

Aus einem Bein des Osiris entspringt der Nil, verrät ein weiterer Mythos. Aber bei weitem wichtiger sind Osiris' Aufgaben als Totengott. Vor ihm müssen die Dahingeschiedenen Rede und Antwort stehen. Da auch Osiris wieder auferstehen konnte, erhoffen sich die Toten, dass sie ebenfalls ewig leben werden, in einem glückseligen Zustand.

In atemberaubender Geschwindigkeit breitete sich der Glaube an Osiris' Macht aus. In Geheimschriften[44] wurde auf ihn aufmerksam gemacht, ebenso wie auf Amuletten, Särgen und immer wieder mit Darstellungen und Skulpturen. Die Vorstellung des Lebens nach dem Tod schlug die Ägypter in ihren Bann.

Die Interpretationen, Variationen und Inspirationen aufgrund der ursprünglichen Osiris-Seth-Geschichte waren zahlreich. Religionswissenschaftlich gesehen kann man sogar eine gewisse Ähnlichkeit mit der Erzählung von Jesus Christus feststellen, wir haben es bereits angedeutet. Auch Christus erstand wieder von den Toten auf. Auch Christus entwickelte sich zum ewigen Richter beim Letzten Gericht. Auch Christus verkörperte das Gute. Hier wie da mussten sich die Menschen rechtfertigen, ihre guten Taten wurden gegen die bösen Taten abgewogen.

Jedenfalls wurde Osiris sehr wichtig, er lief Atum und Re gewissermaßen den Rang ab. Und so fixierten sich die Ägypter immer mehr auf das Leben im Jenseits und auf Osiris.

Osiris überlebte sogar die griechische und römische Epoche, als

Darstellung des Osiris mit grüner Gesichtsfarbe, Krummstab und Flagellum.

das Weltreich Ägypten schon längst untergegangen war. Nach wie vor gab es Osiris-Mysterien: Gläubige hielten geheime Zusammenkünfte ab, die die Wiedergeburt in den Mittelpunkt der Religion rückten. Natürlich wurden die ursprünglichen Mythen ständig erweitert oder gekürzt, sie wurden interpretiert und interpoliert. Und im Laufe der Jahrtausende verschmolzen viele Lokalgötter anderer Völker mit Osiris. Sogar der griechische Gott Dionysos wurde Osiris gleichgesetzt. Das große Geheimnis, das Geheimnis aller Geheimnisse, war immer die Wiedergeburt, die Reinkarnation, auch bei den Griechen.[45]

Osiris wurde stets stehend und steif dargestellt, gewöhnlich mit grüner oder schwarzer Hautfarbe. Die Farbe Grün symbolisierte die Pflanzenwelt, die ja ebenfalls ständig neu erstand, die im Frühling wiedergeboren wurde. Die Farbe Schwarz deutete auf die dunkle Erde Ägyptens hin, das Schwemmland des Nils. Die alten Ägypter bezeichneten ihr eigenes Land ja nie als Ägypten, sondern nannten es *Kemet*, was »schwarzes Land« bedeutete und auf den fruchtbaren, dunklen Nilschlamm verweist. Das Symbol des Krummstabs, den Osiris auf den meisten Darstellungen in der Hand hält, zeigte den »guten Hirten«, und das Flagellum (eine Geißel) war Herrschaftszeichen des Königs.

Der wiederauferstandene Gott, der nicht sterben kann, ist demnach genauso ägyptischen Ursprungs wie der Glaube an ein Weiterleben nach dem Tod.

Die Parallelen zum Christentum sind nicht wegzudiskutieren. Die Befruchtung des Christentums durch die altägyptische Religion wird bis heute unterschätzt oder sogar aktiv verschwiegen; wir haben auch auf diesen Umstand bereits aufmerksam gemacht.

ISIS

Ein Geheimkult rankte sich auch um Isis, die Schwestergemahlin des Osiris. In blütenweißen Trachten und in hochfeierlichen Zeremonien wurden Mädchen/Jungfrauen zum Isis-Gottesdienst verpflichtet. Es handelte sich vielleicht um den ersten Nonnen-Orden der Welt. Vieles wurde später von anderen Religionen kopiert. Isis-Priesterinnen kümmerten sich allerdings nicht nur um die Heiligtümer der Isis, sondern auch um die Tempel anderer Götter.

Isis galt als Göttin der Geburt und Wiedergeburt. Ihr Kult überlebte ebenfalls viele Jahrtausende, in zahlreichen Ländern. Sie wurde im alten Griechenland genau wie im alten Rom verehrt, ja man fand sogar Isis-Tempel in Deutschland (Mainz, Köln), in Großbritannien (London) und in Spanien. Isis entwickelte sich zu einer internationalen Göttin; sie war die magische »Gottesmutter«, der später im Christentum Maria gleichgestellt wurde.

Im Mittleren Reich (2137–1781 vor Christus) wurde Isis immer häufiger mit dem Horusknaben dargestellt – der auf ihrem Schoß saß und von ihr gestillt wurde. Als das Christentum zur beherrschenden Religion aufstieg, wandelte man viele Isis-Darstellungen mit dem Horusbaby auf dem Schoß einfach zu Maria-Darstellungen mit Jesus auf dem Schoß um, und zwar sowohl auf Gemälden als auch in der Bildhauerei.[46]

Isis war das Vorbild jeder Gottesmutter. Sie geriet zur Schutzherrin besonders der Frauen und aller leidenden Wesen. Man sah in ihr eine Göttin der Re-Animation und der Magie, denn schließlich hatte sie Osiris wieder zum Leben erweckt. Isis, die himmlische Gottesmutter, konnte sogar Dämonen abwehren. Sie half bei der Geburt eines Kindes und bei allen anderen Problemen. Sie wurde manchmal sogar als Göttin der Weisheit betrachtet. Sie konnte in der Unterwelt Verstorbenen helfen und andere Götter gnädig stimmen.

Überall, in allen Weltgegenden, wurde sie zur Göttin der Geburt und der Mutterschaft. Mit Zaubersprüchen und Gebeten vermochte sie, die »Große Gemahlin des Osiris«, das Schicksal zu ändern und Neugeborenen das Leben zu schenken. Sie hatte Osiris gefunden und ihn mit ihrer Zwillingsschwester Nephtys wieder zusammengesetzt. Isis' Zaubersprüche konnten wieder zum Leben erwecken.

Natürlich entging auch sie dem Schicksal nicht, später mit anderen Göttinnen gleichgesetzt zu werden und mit ihnen zu verschmelzen. Die griechische Göttin Demeter – ebenfalls eine Muttergöttin, zuständig für die Fruchtbarkeit – wurde mit ihr genauso identifiziert wie irgendwann Aphrodite. Sie erhielt tausende Namen. Man nannte sie Retterin, Hebamme, Überfluss, die Unbezwingbare, Himmelskönigin, Königin der Toten, Erste der Himmlischen und anderes mehr. Welcher Gott oder welche Göttin wäre je der Überzeichnung entgangen?

Sogar mit Hera, der Zeusgemahlin, setzte man sie manchmal gleich. Im Römischen Reich blühte ihre Herrschaft weiter. Religionen und Götter sind überlebensfähiger als Polit-Philosophien und Könige. Man bildete Isis auf zahlreichen Münzen ab und baute ihr sogar noch Tempel, als Ägypten schon keine Rolle mehr im Wettstreit der Nationen spielte. Tatsächlich hielt sich der Isis-Kult bis 500 nach Christus, bis zum Beginn des Mittelalters! So lange lebte Isis in den Vorstellungen der Völker fort.

NEPHTYS

Isis war die Gemahlin des Osiris, die Zwillingsschwester Nephtys die Gemahlin Seths. Auch Nephtys galt als Totengöttin und Göttin der Wiedergeburt, aber sie verfügte über keine magischen Kräfte wie Isis.

SETH

Demgegenüber war Seth eine höchst zwielichtige Göttergestalt.

Jeden Abend kämpfte die Sonne oder der Sonnengott mit Seth, der die Nacht symbolisierte. Seth gewann diesen Kampf. Am Morgen wurde Seth, Gott der Dunkelheit, jedoch wieder vom Sonnengott überwältigt.

Diese Legende von Tag und Nacht kam folgendermaßen zustande: Seth (alternativ: Set, Setech, Sutech, Wedja, der Ausdruck soll »böser Tag« bedeuten) spielte in weiten Teilen der mythischen Geschichte Ägyptens die Rolle des Schurken. Er war der Gott der Wüste, des Unwetters, des Chaos, der Nacht und des Verderbens. Zeitweise wurde er auch als Gott des Krieges gehandelt. Seine Funktion als Schutzgott der Oasen und einiger Pharaonen verblasste hingegen.

Zugeordnet wurde er dem Planeten Merkur – was uns erneut daran erinnert, dass die alten Ägypter die Herkunft ihrer Götter auch mit anderen Planeten in Zusammenhang brachten.

Das einzig Gute, das sich über Seth sagen lässt, ist, dass er – obwohl er das Böse personifizierte – ein großartiger Schurke war. Er war listig, klug und gerissen. Dargestellt wurde er halb als Tier, halb als Mensch, manchmal mit einem Eselskopf. Gern verpasste man der Tierform auch eine lange, gebogenen Schnauze, eckig beschnittene Ohren und einen Schwanz, der an der Spitze gespalten war. Tiere, die besonders gern mit Seth in Zusammenhang gebracht wurden, waren neben dem Esel das Schwein, die Schildkröte, das Nilpferd, das Krokodil und die Schlange – alles keine edlen Tiere.

Mit Seth – und Horus – wurden gern Gegensätze gekennzeichnet, wie Norden und Süden, Himmel und Erde, Erde und Unterwelt, links und rechts, schwarz und weiß, Chaos und Ordnung, Leben und Sterben, Gut und Böse, Eintracht und Zwietracht, Weisheit und Irrtum – eine Denkweise, die wir aus dem Taoismus und ansatzweise auch aus dem Zoroastrismus kennen.

Zugleich verkörperte Seth den Süden Ägyptens, Horus den Norden. Zusammen dargestellt repräsentierten sie die Reichseinheit.

Seltener diente Seth als (mächtiger, guter) Lokalgott. Mitunter wurde er sogar als Hauptgott verehrt, dessen Macht man keinesfalls unterschätzen durfte.

Im Laufe der Jahrtausende wurde Seth jedoch immer häufiger als Schurke gezeichnet, als Sinnbild des Bösen. In kurzen Phasen der ägyptischen Geschichte wurde sein ruinierter Ruf zwar kurzfristig wiederhergestellt, aber im Allgemeinen galt er als »Prinz der Dunkelheit«. Es rankten sich zahlreiche Legenden um ihn, mit Seth als Widerling, bis man ihm schließlich Hunderte von bösen Taten andichtete, genau wie im Christentum dem Teufel.

Auch andere Völkerschaften bedienten sich des Seth-Kultes. Das weist darauf hin, dass Seth und die ägyptische Theologie exportiert wurden und Ägyptens Einfluss weit reichte. Selbst Götter gehen manchmal auf Wanderschaft.

Seth erhielt viele Namen, bei allen möglichen Nationen: unter anderem Apophis, Anubis oder Sut. Sogar das Wort Satan, das im Hebräischen und im Persischen auftaucht, mag mit dem Ausdruck Seth in Zusammenhang stehen. Bei den Griechen hieß Seth Typhon.

Der griechischen Sage nach war das ein Mischwesen, das entstand, weil sich Gaia, die Erdmutter, an Zeus rächen wollte, der die Herrschaft der alten Götter beendet hatte. Gaia gebar Typhon, ein grässliches Ungeheuer, einen Riesen, der mehrere Drachen- und Schlangenköpfe besaß. Sie wuchsen aus ganz verschiedenen Körperteilen: aus den Haaren, Schultern und Händen. Typhon beherrschte die Sprache vieler Tiere. Sein Unterleib endete in zwei Schlangenleibern statt in zwei Beinen. Aber in der Legende unterlag Typhon schließlich Zeus, so wie Seth Osiris/ Horus/Isis.

Der griechische Götterhimmel ist ohne die ägyptischen Vorbilder nicht vorstellbar. Die Einflüsse des alten Ägypten auf Griechenland werden bis heute unterschätzt.

Je länger die Seth-Legende währte, umso stärker entwickelte er sich zum Feind der Götter und Menschen. Seine Tempel verfielen schneller als die heiligen Stätten des Osiris. Denn die dunkle Seite machte den Menschen Angst.

Der ursprüngliche Mythos, der ihn als bösartigen Schurken gezeichnet hatte, überpowerte schließlich alle anderen Legenden, die gelegentlich auch auf seine positiven Seiten reflektiert hatten. Immer düsterere Berichte entstanden. Es hielt sich sogar die Legende, dass Seth Horus durch homosexuellen Verkehr schänden und entehren wollte – ein Anschlag, der allerdings misslang. Seth wurde auch als Vergewaltiger von Frauen dargestellt.

Die Querverbindungen zu den alten Griechen, zum Christentum, zum Judentum und anderen Völkerschaften rund um das Mittelmeer und im Vorderen Orient sind so zahlreich, dass man damit ein eigenes Buch füllen könnte.

Seth ist der Urvater des Bösen, sein giftiger Same erklärte jede Schlechtigkeit der Welt. Doch verlassen wir diesen ersten Mythos, den Heliopolis-Mythos, den Mythos der »Sonnenstadt«, den wir zwar längst durch spätere Mythen rund um einzelne Götter ergänzt haben, den wir aber dennoch nur in dürren Worten und unvollständig wiedergegeben haben – was uns eine Vorstellung davon gibt, wie üppig diese Legende wucherte und wie verliebt die alten Ägypter in ihre Göttergeschichten waren.

DER HERMOPOLIS-MYTHOS

Wandern wir ein ganzes Stück den Nil stromaufwärts Richtung Norden, stoßen wir auf viele heilige Städte. Zu ihnen zählt auch Theben, in dessen Nähe eine Stadt namens Hermopolis lag – wie der griechische Name später lautete. Wir entdecken den Namen Hermes darin, des griechischen Götterboten, und erneut das Wort *polis* = »Stadt«.

In Hermopolis entstand im Mittleren Reich ein weiterer, relativ beliebter Mythos, in dem acht Götter im Mittelpunkt standen: Zwei Götter repräsentierten das Urgewässer oder den Urozean, zwei Götter die Weite des Raums oder die Unendlichkeit, zwei Götter die Urfinsternis und zwei weitere Götter schufen in der Folge alle möglichen Dinge.

Neue Götternamen wurden ersonnen, die wir heute kaum mehr kennen. Und nur in einer Überlieferung, in einer Variante, sprach man erneut von Amun und Re. Re wurde in dieser Variante des Hermopolis-Mythos als Sonnengott bezeichnet, aber als Sohn der acht Götter. Denn er wurde durch die »Achtheit« geboren – was auch immer man sich darunter vorzustellen hat.

Die Einwohner der Stadt Hermopolis erzählten, dass ihre Stadt als Erste aus dem Urwasser entstiegen sei. Vielleicht verführte der

Stolz die Priester dieser Stadt dazu, auf eine eigene Urgeschichte zu pochen.

Die acht Götter sollen aus vier männlichen Göttern in Froschgestalt bestanden haben und aus vier weiblichen Göttinnen, die als Schlangen dargestellt wurden.

Verräterisch ist auf jeden Fall wieder die Existenz des »Urwassers«. Schöpfungsmythen, die mit dem Wasser zu tun haben, begegnen uns häufig.

Dieser Schöpfungsmythos hatte ebenfalls mehrere Varianten. In einer Version erzählten die Autoren von einer schnatternden Gans, die erstmals das Schweigen der urzeitlichen Stille brach. Sie legte ein Ei, aus dem der Sonnengott Re schlüpfte. Es gab auch eine Geschichte mit einem Hasen und einem Ei, also eine dritte Variante. Ein Ei wurde jedenfalls lange als echte Reliquie in Hermopolis aufbewahrt und war die Attraktion für Hermopolis-Pilger.

Pilgerfahrten und Reliquien sind ebenfalls keine Erfindung des Christentums.

Auch der Aberglaube ist international.

Die Schöpfungsgeschichte von Memphis

Wandern wir wieder ein Stück zurück und begeben uns in die Nähe von Kairo, der heutigen ägyptischen Hauptstadt, so finden wir nicht weit davon entfernt die Stadt Memphis. Auch dort wurde ein eigener Schöpfungsmythos geboren, der sich um den Stadtgott *Ptha* rankte, den Gott der Künstler, Handwerker und Baumeister. Angeblich ging er dem Sonnengott voraus, ja er erschuf ihn eigentlich erst. Wie? Allein durch die Rede und das Wort.

Und wieder wird es aufregend und spannend: Erneut fühlen wir uns an die Bibel erinnert, in der es im Evangelium des Johannes heißt: »Am Anfang war das Wort, und das Wort war bei Gott ...

Alles ist durch das Wort geworden und ohne das Wort wurde nichts, was geworden ist. In ihm war Leben und das Leben war das Licht des Menschen.«[47]

Auch Ptah schuf der Legende zufolge die Welt nur durch das Wort und seine Gedanken. Ptha entstieg zwar auch aus einem »Urgewässer«, aber sein Herz formte daraufhin die Gedanken, die sich auf die Zunge begaben und dem Befehl des Herzens folgten. Ptah sprach einfach etwas aus ... und Abrakadabra ... schon nahm es Gestalt an.

Ptah bestimmte auch die Namen der Götter und wies ihnen Kultstätten zu. Gleichzeitig war er ein Vertreter des Gesetzes; er gab den Ägyptern Wertvorstellungen, eine Rechtsordnung und sorgte für ein politisches System, indem er unter anderem das Land in Bezirke einteilte.

Allerdings wurde der Schöpfergott Ptah an anderen Orten *unter* Re, Amun und Osiris angesiedelt – vielleicht waren hier die älteren Schöpfungsmythen mächtiger und bereits zu fest in den Gehirnen verankert.

Der Memphis-Legende gemäß formte Ptah den Menschen ebenfalls aus Ton – ein Umstand von höchster Bedeutung.

In einer anderen Schöpfungsgeschichte aus Elephantine – einer Flussinsel im Mittellauf des Nils mit einer einst bedeutenden Stadt – wird erzählt, dass die Menschen auf einer Töpferscheibe aus Ton geformt wurden – freilich vom Gott *Chnum*, der anderen Göttern bei der Erschaffung des Menschen half. Die entsprechenden Aufzeichnungen beschreiben bis ins kleinste Detail die Entstehung des menschlichen Körpers, vom Skelett bis zu seinen Organen und der Haut.

Wieder werden wir an das Alte Testament und die Bibel erinnert sowie an die alten Sumerer, wo der Mensch ja auch aus Ton oder Lehm geformt wurde. Das bedeutet: Die verschiedenen Schöpfungsmythen befruchteten sich wechselseitig. Christliche Priester und jüdische Rabbis übernahmen frühere Vorstellungen und betteten sie in ihre neue Religion ein, die gerade im Entstehen begriffen war.

Grundsätzlich glaubte man, der Memphis-Ptah, der »Uralte«, habe sich selbst erschaffen. Erst danach erschuf er den Kosmos, durch das Wort und mithilfe von Ton.

Pthas Macht war allerdings zeitlich und örtlich begrenzt. Auch er entging dem Schicksal vieler Götter nicht – später verschmolz er mit anderen Unsterblichen, unter anderem mit Osiris.

Weitere religiöse Legenden

Und so könnte man sich immer weiter durch das Dickicht der ägyptischen Schöpfungsgeschichten schlagen. So viel muss man festhalten: Auch im alten Ägypten gab es einen »Krieg der Götter« – genau wie bei den alten Griechen, die diese Vorstellung wahrscheinlich übernahmen. Im Mittelpunkt stand der Kampf des Horus/des Sohnes des Osiris gegen Seth. Die Menschen schlugen sich der Überlieferung zufolge auf die eine oder andere Seite. Im Verlauf des Krieges verlor Horus ein Auge, das von seiner Mutter Isis wieder geheilt wurde. Daraufhin wurde das Auge zum Symbol für die Heilung an sich und zum Schutz vor Gefahr. Bis heute wird das Horus-Auge am Bug von Nilschiffen aufgemalt.

Selbst die alten Götter sind unsterblich.

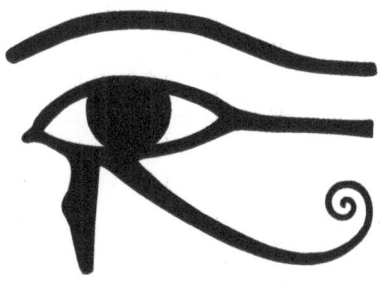

Das Auge des Horus, bis heute Schutzzeichen der Nilschiffer.

Die Kämpfe und Kriege zwischen Horus und Seth wurden später in größter Ausführlichkeit beschrieben. Dieser Krieg zerriss Ägypten regelrecht.

Dazu gab es eine Legende über die geplante Vernichtung der Menschheit, die beinahe Platz gegriffen hätte. Einer Verschwörung gegen Re begegnete der Göttervater einer Sage gemäß mit einem furchtbaren Gemetzel unter den Menschen. Re siegte, doch er selbst und die übrigen Götter zogen sich von da an von den Menschen zurück.

Festzuhalten ist weiter, dass im Laufe der Zeit regelrechte Potpourris aus den verschiedenen Schöpfungsmythen zusammengestellt wurden. Die ältesten Legenden, die wir hier vorgestellt haben, besaßen zweifellos die größte Überzeugungskraft. Aber wer konnte schon etwas gegen übermächtige Priester unternehmen, die einen neuen Gott aus der Taufe hoben oder einem unwichtigen Stadtgott plötzlich zu größerer Bedeutung verhalfen?

Die Schöpfungsmythen wurden in zusammenhängender Form erst spät niedergeschrieben, viele erst in der Römerzeit – also erst, nachdem die Perser, die Griechen und schließlich die Römer Ägypten längst besiegt und im Wettstreit der Nationen zur Bedeutungslosigkeit verdammt hatten. Und erst im 19. Jahrhundert begann man das alte Ägypten sorgfältiger zu erforschen.

Dabei zeigte sich, dass die Varianten innerhalb der Mythen zahlreich waren. Zudem gab es schier zahllose Götter. Ihre Bedeutungen und Aufgaben wandelten sich im Laufe der Jahrtausende ständig. Andererseits hatten Götter auch oft die gleichen Funktionen; »Totengötter« etwa existierten zuhauf.

Jede Region, jede Ortschaft und jede Zeit gebar neue Vorstellungen und Kulte. Und nicht jeder Ortsgott geriet auch zu einem Reichsgott.

Selbst Menschen steigen später zum Gott auf, wie beispielsweise der Baumeister Imhotep, ein Architekt und Pyramidenbauer.

Was aber lehrt uns nun das alte Ägypten insgesamt?

Vorläufige Erkenntnisse

Wir haben immer wieder die Bezüge zur Bibel und zu den Griechen aufgezeigt, die weit intensiver waren und sind, als es heute zugegeben wird.
Auch auf die Parallelen zu anderen Religionen, wie zum Beispiel zum Judaismus und zur Religion der alten Sumerer, haben wir verwiesen.
Die alte Erkenntnis der Herren Geschichtswissenschaftler stimmt: *Historia non facit saltus* – »Die Geschichte macht keinen Sprung.« Die ägyptische Religionsgeschichte weist sowohl in die Vergangenheit als auch in die Zukunft. Im Grunde starb sie nie. Sie wurde aufgesogen und aufgenommen von anderen Religionen und Zivilisationen. Bei Licht betrachtet, weilt sie noch immer unter uns, wenn sich vielleicht auch einige Namen geändert haben. Wir alle sind Ägypter. Und bewusst oder unbewusst verbeugen wir uns noch immer vor Amun-Re und Osiris.

7. Götterwelten und die Erschaffung des Menschen im alten Griechenland

Sind wir weiteren Schöpfungsmythen auf der Spur, dann stoßen wir auch auf das alte Griechenland. Hier versorgen uns die Schriftsteller und Philosophen ebenfalls mit präzisen Vorstellungen, wie alles angeblich seinen Anfang nahm.
Der griechische Dichter Hesiod, der ca. 700 vor Christus lebte, schrieb unter anderem ein Werk namens *Theogonia* (frei übersetzt = »Über die Entstehung der Götter«), in dem er gleich drei ver-

schiedene Götter-Kategorien oder Götter-Generationen vorstellt. Ferner denkt er über verschiedene Weltenalter und über die Entstehung des Menschen nach.

In der ersten (frühesten) Riege der Unsterblichen gab es Hesiod zufolge ursprünglich sechs Urgottheiten. Sie hießen Chaos (als Gegenbegriff zum Kosmos, der Ordnung), Gaia (= die Erdmutter), Tartaros (= der Herr der Unterwelt), Eros (dessen Funktion wir nicht erläutern müssen), Erebos (= der Herr der Finsternis, die ein Teil der griechischen Unterwelt war), sowie Nyx (eine Göttin, die die Nacht personifizierte). Von dieser ersten Götterriege wurden laut Hesiod die verschiedensten Dinge erschaffen: Der Himmelsgott oder der Himmel (= Uranos), die Berge, das Meer, die Luft, der Tag und so fort.

Betrachten wir die zweite Riege, die sogenannten Titanen: Sie stammen von Gaia, der fruchtbaren Erdmutter, und Uranos, dem Himmelsgott ab – wenn man so will das zweite Göttergeschlecht. Die Titanen waren Riesen in Menschengestalt und gleichzeitig mächtige Götter. Sie herrschten in der Goldenen Ära – auf die Zeitvorstellungen Hesiods kommen wir gleich noch zu sprechen. Jedenfalls gab es schon in dieser Phase Riesen, einige hatten über 50 Köpfe und 100 Hände.

Das dritte Göttergeschlecht waren die Olympier, benannt nach dem griechischen Berg Olymp, auf dem sie residierten. Zu ihnen zählten unter anderem Zeus, Poseidon, der Gott des Meeres, Hera, die Gattin und Schwester des Zeus, Apollon, Athene, Ares, der Gott des Krieges, und Aphrodite.

Bevor Zeus die Macht an sich reißen konnte, wurden allerlei Intrigen eingefädelt und wilde Kämpfe gegen die Titanen ausgefochten. Götter bekriegten Götter. Nach dem letzten Sieg über die Titanen wurde Zeus, der Blitze schleudern und in verschiedenen Gestalten auftreten konnte, von der dritten Götterriege zum Herrscher bestimmt.

Wer gilt als Vater des Menschengeschlechts?

Prometheus

Prometheus (wörtlich übersetzt »der Vorausdenkende«) gehört zum Göttergeschlecht der Titanen, der zweiten Riege also. Er wird unterschiedlich gezeichnet. Offenbar ist er hochmütig und listenreich, manchmal lügt er wie gedruckt, mitunter betrügt er sogar die Götter. Doch er untersteht bereits der Herrschaft des Zeus, der den Titanen die Vorrangstellung abspenstig gemacht hat.

Prometheus erschafft den Menschen, zumindest einer erzählerischen Variante Hesiods zufolge ..., und zwar aus Lehm. Die Menschen werden mit bestimmten Eigenschaften ausgestattet und besitzen auch fehlerhafte Züge. Für die Mängel des Menschen wird in der Regel der (an der Kreation beteiligte) Bruder des Prometheus, der unkluge *Epmetheus* (= »der Nachher-Bedenker«) verantwortlich gemacht. Aber mitunter wird auch Prometheus selbst beschuldigt, ein so fehlerhaftes Geschlecht wie die Menschen erschaffen zu haben.

Prometheus ist auf jeden Fall eine Art Rebell wider Zeus und steht auf der anderen Seite auch dem Menschengeschlecht bei; immerhin befreit er es von Unwissenheit und Unterdrückung.

Das passt Zeus nicht ins Konzept. Doch Prometheus kümmert das wenig. Bei einem Tieropfer verhält sich Prometheus sogar völlig illoyal gegenüber Zeus: Er überlässt dem Göttervater nur die wertlosen Teile des Opfertiers. Das schmackhafte Fleisch behält er seinen Schützlingen, den Menschen, vor.

Zeus tobt. Zur Strafe dafür verweigert der erboste Göttervater den Sterblichen – den Menschen – den Besitz des Feuers. Daraufhin stiehlt Prometheus den Göttern das Feuer und bringt es persönlich zu den Menschen.

Das schlägt dem Fass den Boden aus. Zeus rächt sich. Prometheus wird gefangen gesetzt, gefesselt und nach dem Willen des Göttervaters an einen Felsen geschmiedet. Dort frisst ein Adler seine Leber, die innerhalb eines Tages immer wieder nachwächst, sodass der Adler sie jeden Tag von neuem verspeisen und dem Rebellen damit unsägliche Qualen zufügen kann. Endlos. Erst der Held Herakles erlegt eines Tages den Vogel mit einem Pfeil. Prometheus wird von Zeus begnadigt.

PANDORA, HALBGÖTTER UND DIE WELTEN-ZEITALTER

Zeus schickt den Menschen auch eine Pandora: eine schöne Frau, die den Menschen alle Übel der Welt bringt. Zeus selbst zeugt weitere Götter und Göttinnen, Halbgötter und Helden. Dazu verbindet er sich teilweise mit sterblichen Frauen. Auch Göttinnen lassen sich später mit sterblichen Männern ein.

Auf diese Weise entsteht ein neues Geschlecht. Es besteht aus verschiedenen Helden, Halbgöttern, Königen und Menschen mit besonderen Talenten.

Und wann passiert das alles?

Nach Hesiod gibt es verschiedene Weltzeitalter oder Weltenzeitalter. So existiert das Goldene, Silberne und Eherne (= Bronzene) Zeitalter, worauf das »Zeitalter der Heroen« folgt, in dem unter anderem Achill und Odysseus leben und in dem der Trojanische Krieg tobt. Danach folgt das Eisernere Zeitalter, die Jetztzeit, in dem Hesiod lebt und in dem Verfinsterung, Dunkelheit, Gewaltherrschaften, Tyrannei und die Verrohung der Sitten Platz greifen.

Dichtung und Wahrheit

Wir machen es uns zu leicht, wenn wir Hesiod als Dichter abtun, der bloß seine Zuhörer unterhalten wollte. Natürlich sind all diese Legenden, Mythen und Sagen auch mit spannenden Geschichten verwoben. Die meisten Storys sind wohl freie Erfindungen eines fantasievollen Gemütes. Sie sind einfach zu sorgfältig komponiert und mit all den Ingredienzen ausgestattet, mit denen Dichter und Schriftsteller bis heute ihre Leser oder Zuschauer fesseln. Es existieren außerordentliche Fähigkeiten, ungewöhnliche Ereignisse, Geschehnisse, die zum Staunen Anlass geben, es gibt Twists und Doppel-Twists in reicher Zahl, Handlungslinien mit Elementen, um eine Handlung noch aufregender zu gestalten, Heroen, in die man sich verlieben kann, und Schurken, die man hasst oder verabscheut. Das ganze Repertoire der Dichtung begegnet uns in und mit Hesiod. Einige Erzählungen versuchen auch nur, die Entstehung der Welt zu erklären, nicht anders als in der Bibel.

Und doch geben viele Fakten zu denken. Und zwar deshalb, weil sie auch in anderen Mythen wiederholt vorkommen. Zählen wir diese Fakten auf:

- Wieder begegnen wir der Geschichte, dass der Mensch aus *Lehm* geschaffen wurde.
- Wir treffen erneut viele Götter und Halbgötter. Erstaunliche Fähigkeiten werden ihnen zugeschrieben, wie in allen anderen Mythen.
- Wir stehen zahlreichen Kriegen unter den Göttern gegenüber, genau wie im Mahabharata und im alten Ägypten. Auch dort bekämpfen Götter andere Götter.
- Auch einem Goldenen Zeitalter begegnen wir, wie wir es bereits aus dem Mahabharata und verschiedenen anderen Quellen kennen. Der Abstieg in weniger erfreuliche Zeitalter wird

beschrieben, während Sitte und Moral verfallen – ganz wie in dem bereits zitierten indischen Epos. Das gegenwärtige Zeitalter zeichnet sich aus durch Unmoral, mangelnde Integrität und Verfall.
- Auffallend ist die Existenz von Riesen, tatsächlich gibt es unterschiedliche Arten von Riesen bei Hesiod.
- Die Fähigkeit, »unsichtbar« zu bleiben, ist eine weitere bemerkenswerte Parallele zu anderen Mythen. Vielleicht handelt es sich hier nicht nur um einen alten Menschheitstraum, sondern um ein technisches, technologisches oder spirituelles Phänomen, das bislang einfach noch nicht erforscht wurde. Jedenfalls gibt es Geister oder Götter, das heißt, körperlose Wesen, die nicht unbedingt einen physischen Leib brauchen, um in ein Geschehen einzugreifen. Sie können dabei nicht mit menschlichen Augen gesehen oder wahrgenommen werden.
- Dass Götter sich in körperlicher Hinsicht mit Menschen vereinen, fällt ebenfalls auf, weil sich diese Vorstellung in so vielen alten Mythen wiederholt. Götter liegen Menschenfrauen bei.
- Alle möglichen Monster, wie wir heute sagen würden, entspringen den ursprünglichen Kreationen.

Mit anderen Worten:
In den verschiedenen Mythen existieren acht (!) entscheidende, erstaunliche Gemeinsamkeiten und Parallelen!
Sollte es reiner Zufall sein, dass immer wieder die gleichen Themen aufgearbeitet werden, obwohl doch zwischen den Entstehungsländern der Mythen Tausende von Kilometern liegen, manchmal ganze Ozeane und Kontinente?
Wir glauben nicht an solche Zufälle.
Dennoch können diese Länder vor 2500 Jahren unmöglich alle miteinander in Kontakt gestanden haben!

Unserer Meinung nach ist es wahrscheinlich, dass der Kern innerhalb dieser Mythen … wahr ist und einst tatsächlich ähnliche Ereignisse stattfanden.

WEITERE GEMEINSAMKEITEN

Zugegeben: Es ging Hesiod auch darum, die Entstehung der Welt zu erklären. Die Erschaffung der Welt wird willkürlich einzelnen Gottheiten zugeschrieben, nicht nur einem einzigen Gott wie in der Bibel. Die gesamte Natur ist bei den Griechen belebt. Jeder Fluss besitzt seine Nymphen, nicht anders als bei den alten Ägyptern, wo *Hapi*, der Gott des Nils, besondere Verehrung erfuhr. Heilige Bäume, heilige Berge und heilige Ortschaften fanden sich gleichfalls bei den alten Chinesen, den alten Germanen, den alten Maya, den alten Japanern und eben auch bei den alten Griechen; sie existierten weltweit.

Zufall? Aberglaube?

Wir glauben nicht.

Bei den alten Griechen kommt eine überreiche Anzahl an Göttern, Gottheiten und Halbgöttern vor, die die gesamte Natur belebten. Es gab nicht nur einen Schöpfergott wie in der Bibel, der allerdings – vergessen wir das nie – später viele Aufgaben an Riesen, Engel, Teufel und Heilige delegierte. Auch die Welt des Mittelalters, die doch völlig durchdrungen war vom Christentum, wurde als belebt angesehen, belebt von allen möglichen Wesenheiten. Bei den alten Griechen hatten Halbgötter oder Götter, Helden oder Könige konkrete Namen und Identitäten, sie waren für bestimmte Bereiche und Aufgaben zuständig. Das ist in der Bibel seltener der Fall. Aber dass dort Wesenheiten etwas Übernatürliches bewirken, findet sich auch dort.

Und so plädieren wir dafür, die alten Mythen nicht einfach als Märchen abzutun, als mehr oder weniger gelungene Erfindungen oder als kindische, kindliche, verzweifelte Versuche, die Welt zu erklären. Wir sollten annehmen, dass in all diesen alten Mythen ein wahrer Kern steckt.

Warum hat bis heute noch niemand die Mythen der Welt auf ihre Gemeinsamkeiten hin abgeklopft? Fallen sie nicht stärker ins Auge als all die Unterschiede?

HESIODS ZITATE

Gönnen wir uns noch einmal einige konkrete Zitate von Hesiod, die uns besonders aufschlussreich erscheinen, selbst wenn wir uns dabei inhaltlich wiederholen.

WIE formulierte der alte griechische Dichter seine Weisheiten?

Wir erhalten sofort einen Eindruck, wie wichtig und heilig den alten Griechen ihre »Ur-Geschichten« waren, wenn wir die Originalübersetzung befragen. Hesiods Stil ist getragen, ehrwürdig und gewissermaßen sakrosankt. Die *Theogonie* (= »Erschaffung der Götter«) beginnt mit dem Ort Helikon (= ein Gebirge in Griechenland); der Anfang liest sich so:

»Helikonischen Musen geweiht, heb' unser Gesang an,

die auf dem Helikonberge, dem großen und heiligen, walten:

Wo sie den dunkelen Quell mit geschmeidigen Füßen im Reihntanz

und den Altar umschweben des allmachtfrohen Kronion ...«[48]

Kronion ist ein Beiname des Zeus, dessen Altar auf einem heiligen Berg die Musen umtanzen.

In diesem Stil geht es fort und fort. Vielleicht schwer verdaulich für uns heute, aber man lausche auch dem wuchtigen, heiligen Rhythmus nach! Recht früh wird in diesem Werk auf Zeus reflektiert: »Zeus ist Gottvater, der ›Ordner der Welt‹, der ›Geber aller Gaben‹, der, ›dessen allsehendes Auge herab auf alles sich wendet‹, seiner ›waltenden Vorsicht zu entfliehen ist keinem vergönnt‹«.[49]

Zeus ist der »ewige Vater«, der ständig gepriesen wird, aber erst, nachdem die beiden ersten Göttergeschlechter abgedankt haben.

Der Anfang aller Dinge ruht, laut Hesiod, im Dunkeln des Geheimnisses. Die Urzeugung scheint ohne Schöpfer ausgekommen zu sein. Zuerst existierte nur das Chaos, aus ihm stieg Gaia auf (die Erde) nieder, weiter Eros, Erebos (die Finsternis) und »die Nacht, welche den Tag gebiert«. Beinahe sind es noch nicht eigentlich Götter, sondern nur wilde Naturgewalten, die dem Bund von Gaia und Uranos (Erde und Himmel) entspringen. Es folgen die Titanen und *Zyklopen*, (wörtl.= »die Kreisrunden«), weil sie kreisrunde Augen besitzen oder nur ein Auge auf der Stirn haben. (»Ein einziges Aug' entfunkelte mitten in der Stirne.«) Es wird von hundertarmigen Riesen voll roher Kraft berichtet sowie von Fabelwesen, die allerorten die Welt bevölkern.

Erst zur dritten Göttergeneration zählt Zeus, der »den Ewigen weit an Gewalt vorragt« und mehr »Allmacht« besitzt als sie – wie schon ausgeführt. Jetzt erst herrschen die bekannteren Götter Griechenlands, wie Zeus, Athene und Apollo.

Doch noch einmal einen Schritt zurück: Von der zweiten Götterriege werden die sterblichen Menschen erschaffen.

Die Entstehung der Erde folgt unmittelbar nach dem Chaos. Hesiod beschreibt diesen Vorgang folgendermaßen: »Siehe, vor allem zuerst ward Chaos; aber nach diesem ward die gebreitete Erd', ein dauernder Sitz den gesamten Ewigen, welche bewohnen die Höhen des beschneiten Olympos.«[50]

Die Entstehung der Erde zählt also zur ersten Göttergeneration.

Auffallend ist die frühe Erwähnung der »ungeschlachten« Riesen mit ihren gewaltigen Armen, oft mehreren entsetzlichen Häuptern und ungeheuren Gliedmaßen.

Aber Hesiod beschreibt auch verschiedenes Getier, wie Drachen, und die Helden von Homer, wie Achilleus, Odysseus oder Äneas.[51] Vor unserem Auge erscheint die Welt Homers, auf den sich Hesiod stützte und von dem er sich inspirieren ließ.

Helden, Könige und Staatsgründer werden in praktisch allen Mythen und Sagen immer auf Götter zurückgeführt.

Jedenfalls erkennen wir eine gewisse Ordnung. Selbst die Götterhierarchien und die Göttergenerationen sind geordnet, genau wie die menschlichen Stämme mit ihren Herrschern.

Und so realisieren wir erneut, wie erstens das Weltbild der alten Griechen aussah und zweitens die fernste Vergangenheit betrachtet wurde, die unserer Ansicht nach inspiriert ist von uralten Überlieferungen. Unsere Vorstellung von der »Prähistorie« der Menschheit verdichtet sich immer mehr.

8. DIE GERMANISCHE SCHÖPFUNGSGESCHICHTE

Man könnte viele Doktorarbeiten über die verschiedenen Quellen der germanischen Mythen und über die Unterschiede zwischen den einzelnen germanischen Stämmen schreiben. Die germanischen Mythen waren und sind durchaus nicht einheitlich, sie unterscheiden sich von Region zu Region, von Land zu Land, von Volk zu Volk, von Entwicklungsstufe zu Entwicklungsstufe. Zudem widersprechen sich die Gelehrten, was einige Ausdrücke im Klartext bedeuten.

Die gute Nachricht: Wir werden zu des Lesers und zu unserer Erleichterung auf all diese scharfsinnigen Differenzierungen verzichten, die im Endeffekt wenig hergeben. Stattdessen werden wir uns nur auf die Gemeinsamkeiten konzentrieren, die für unser Thema von Bedeutung sind; dazu gehören die beiden Fragen:

Wie entstand der Mensch?

Und: Auf welche Weise gestaltete sich die Urgeschichte?

DIE EDDA

Nur eine Quelle wollen wir namentlich noch einmal ansprechen, weil sie die reichhaltigste und wichtigste Quelle ist: die *Edda*. Die Sprache der Edda ist altisländisch. Island ist ein Inselstaat im äußersten Nordosten Europas, hier wurde die Edda niedergeschrieben – wir haben an früherer Stelle bereits darauf hingewiesen. Edda leitet sich möglicherweise von der nordischen Übersetzung des lateinischen Wortes *editio* ab, was »Herausgabe« oder »Edition« bedeutet. Andere Vermutungen übersetzen den Begriff mit »Poetik«.

Es gibt zwei verschiedene Teile der Edda, die *Snorra-Edda* (so genannt, weil sie von einem gewissen Snorri Sturluson, gest. 1241) niedergeschrieben wurde, und die *Lieder-Edda*, die erst im späten Mittelalter ihre Endfassung erhielt. Offensichtlich beziehen sich die beiden Werke auf uralte Zeiten oder auf die Urgeschichte, als Götter und Riesen die Erde beherrschten; wahrscheinlich tauchen wir mit der Edda wieder in die Zeit vor Jahrmillionen ein. Mit konkreten Jahreszahlen werden wir in diesem Text indes nicht verwöhnt.

DIE SCHÖPFUNG

Am Anfang gab es der Edda zufolge das Nichts, *Ginnungagap* genannt, was wörtlich übersetzt »Schlucht«, »Abgrund« oder »Leere« bedeutet. Diese Schlucht oder diese Leere, dieses Nichts oder dieser Abgrund lag zwischen zwei Welten: eine (heiße) Feuerwelt im Süden (Muspelsheim) und eine (kalte) Wasser- und Eiswelt im Norden (Niflheim). Dazu speiste in der Wasser- und Eiswelt eine Quelle die Urzeitflüsse.

Nur in der Mitte des Ginnungagap war das Klima mild, die heiße Luft aus dem Süden und der Reif aus dem Norden hoben sich an dieser Stelle offenbar gegenseitig auf und sorgten für eine erträgliche Temperatur – mit der Folge, dass der Reif (aus dem Norden) taute. Aus den Tautropfen entstand der erste Mensch oder zumindest ein Wesen namens *Ymir*, ein Riese. Aus dem Schweiß unter seinem linken Arm entwuchsen ihm ein Mann und eine Frau. Und durch das Zusammenschlagen seiner Füße erzeugte er noch einen Sohn, von dem die Reifriesen abstammten.

Ferner wird von einer Kuh erzählt, die Ymir nährte und bei ihrer Futtersuche ein menschenähnliches Wesen freischleckte. Dieses Wesen hatte einen Sohn, der seinerseits drei Söhne zeugte. Einer davon war Odin, den wir alle kennen. Odin (auch Wodan, Wotan, Wutan oder Godan genannt) geriet zum Hauptgott oder zum Göttervater; er war gleichzeitig ein kriegerischer Totengott sowie ein Gott der Dichtung und der Magie. Der Überlieferung nach ritt er auf einem achtbeinigen Ross und hatte nur ein Auge, weil er einst auf ein Auge verzichtet hatte, um in die Zukunft sehen zu können. Begleitet wurde er von zwei Wölfen. Den Menschen stellte er sich unter drei Namen vor – Odin ist nur einer davon. Das heißt, Odin könnte sehr wohl in drei Gotteserscheinungen aufgetreten sein, was auf eine göttliche Dreifaltigkeit hindeutet.

Allerdings erschlugen Odin (oder die drei Gotteserscheinungen) und seine Brüder *Ve* und *Vili* schließlich Ymir. Sie schafften ihn in den Ginnungagap – in die Leere, in die Schlucht. Aus seinen Körperteilen wurde der Rest der Welt gebaut.

»Aus Ymirs Fleisch wurde die Erde geschaffen,
und aus den Knochen die Berge,
der Himmel aus dem Schädel ...
und aus dem Blut das Meer.«[52]

Das Blut, das dabei aus Ymir herausströmte, ertränkte die Reifriesen. Nur ein Riese konnte sich mit seiner Frau retten.

Daraufhin brach das Goldene Zeitalter an. Die Götter freuten und vergnügten sich. Jeder lebte ewig, es gab keine Krankheiten und keinen Tod.

Doch dann störten drei Frauen diese Idylle. Sie säten Streit und brachten Unfrieden, woraufhin Gesetze erlassen werden mussten. Außerdem erschuf man nun die Zwerge.

Und wieder begegnet uns eine Variante der Menschwerdung: Aus zwei Baumstämmen wurden Menschen geschaffen, versichert uns eine andere Stelle in der Edda.

Überliefert wurde sogar noch eine Variante von Tacitus (ca. 58–120 nach Christus), dem bekannten römischen Geschichtsschreiber, Senator und Autor, der darauf beharrte, dass die alten Germanen einen Gott namens *Tuisto* verehrten, der der Erde entspross. Sein Sohn *Mannus* (= »Mensch«) hatte seinerseits angeblich drei Söhne, aus denen die drei Stämme der Germanen hervorgingen.

Und so versorgen uns die alten Germanen (und ein Römer) mit unterschiedlichen Varianten, wie einst der Mensch entstanden sein könnte. Was uns beweist, dass bei verschiedenen Stämmen und zu verschiedenen Zeiten mehrere Sagen und Mythen im Umlauf gewesen sein müssen.

SPEKULATIONEN

In der Folge wurde wild über die germanischen Schöpfungsmythen spekuliert. Verschiedene Forscher wiesen auf die Unterschiede und Gemeinsamkeiten zu anderen Mythen hin.

Viel wurde über den Anfang, den Ur-Raum, geschrieben, über das Nichts, den Schlund, den Abgrund, die gähnende Leere, die angeblich nichts Materielles enthalten habe, aber dennoch von geheimnisvollen Kräften erfüllt gewesen war.

Von welche Kräften?, fragten sich die Gelehrten.

Dass es in den Beschreibungen vieler Urzeiten Riesen gab, fiel ebenfalls nur wenigen Forschern auf. Dass am Anfang einer Schöpfungsvariante eine Art doppelgeschlechtliches Urwesen stand, gab noch weniger Gelehrten zu denken; nur einige verwiesen darauf, dass eine ähnliche Geschichte auch in den Veden erzählt wird. Demnach zeugte ein Mann mit einer Zwillingsschwester den Menschen. Gab und gibt es einen Zusammenhang mit den Veden?

Auch Ymir wurde immer wieder unter die Lupe genommen und interpretiert. Da der Überlieferung nach alle Riesen aus ihm entstanden, geriet er gleich zwei Mal in den Fokus des Interesses.

Die Erwähnung des Rindes, das in so vielen alten Kulturen ebenfalls eine Rolle spielt (unter anderem im alten Ägypten, im alten Griechenland und im alten Rom) ließ vielen Forschern auch keine Ruhe. Die Kuh als »Mutter der Erde« und als Symbol der Fruchtbarkeit war eine weit verbreitete Idee.

Vielen gab auch die Hervorhebung des Eises und des Wassers zu denken. Denn zahlreiche Schöpfungsmythen sprachen von einem »Urmeer« und davon, dass die Erde aus der Tiefe eines Urmeeres geholt wurde.

Die Schöpfung des Menschen aus Holz oder Bäumen hingegen fand sich kaum andernorts und wies auf den Respekt der alten Germanen vor der Natur. Lediglich bei Hesiod stammten Menschen des dritten Zeitalters ebenfalls von Eschen ab.

Doch dass die Natur an sich als belebt angesehen wurde, war wiederum nicht so originell und einzigartig, man denke nur an das alte Griechenland oder auch an alte japanische Mythen.

Gab es hier eine Verbindung zu anderen Zivilisationen, trotz der räumlichen Entfernung?

Natürlich dachte man bei Katastrophenberichten gleich wieder an die Sintflut. Auf dem ganzen Globus beschrieben jede Menge Schöpfungsmythen eine Sintflut. Der Grund war immer die Unzufriedenheit des Schöpfers mit den Menschen oder die Sünden und Vergehen des Menschengeschlechts.

Die germanische Sintflut vernichtete alle Riesen, die biblische alle Menschen – beziehungsweise fast alle Riesen und fast alle Menschen, muss man einschränkend sagen.

Welche Gemeinsamkeiten gibt es mit der Bibel? Das Goldene Zeitalter währte auch bei den Germanen nicht ewig. Das Paradies verschwand, Krankheit und Zwietracht kehrten ein. Erinnerten die drei Frauen, die dafür verantwortlich waren, vielleicht an die Eva der Bibel? Wurde auch hier die Frau für alle Übel der Welt verantwortlich gemacht? Fragen über Fragen.

Den Zwergen (= *Mannliku*) wurden in der Edda und in anderen germanischen Überlieferungen als Aufenthaltsorte das Erdinnere, Felsen und Berge zugewiesen. Auch das war kein originärer Gedanke. Und wies das Wort Mannliku oder Manu/Mensch nicht erneut auf Indien, wo *Manu* ebenfalls »Mann« oder »Mensch« bedeutete und einen konkreten Urkönig meinte, der einst den Menschen Gesetze gegeben hatte?

Noch einmal: Gab es eine Verbindung zwischen dem alten Indien und den alten Germanen?

Die gemeinsame Ur-Sprache war schließlich Indo-Germanisch! Möglich war alles, wahrscheinlich war vieles, sicher war nichts.

Auch Halbgötter traf man praktisch allerorten an, auch bei den Germanen. Die Ostgoten (die im 5. Jahrhundert Italien eroberten) vergöttlichten teils sogar ihre siegreichen Heerführer und erhoben sie zu Halbgöttern. Gaut, ein Eigenname, gilt als mythischer Stammvater der Goten oder der »Gotländer« – er war zumindest ein Halbgott.

Im Allgemeinen sah die »Entwicklung« des Menschen folgendermaßen aus:

1. Menschen stammten von Göttern ab oder Götter schufen sie, sie entwickelten die Menschenformen.
2. Götter belebten die Menschen.
3. Sogenannte Nornen oder schicksalsbestimmende, weibliche Wesen bestimmten ihren Lebenslauf.

Die Nornen selbst stammten von Göttern ab, aber auch von Zwergen oder Elfen. Manchmal wurden sie mit Flügeln dargestellt – was uns an Engel erinnert. Diese Nornen gemahnen uns aber auch an die Parzen – drei Schicksalsgöttinnen, die im alten Rom die Gemüter bewegten; die erste spinnt den Lebensfaden und ist eine Art Geburtshelferin, die zweite entscheidet über die Geschicke während des Lebens selbst, und die dritte durchtrennt am Schluss den Lebensfaden, sie ist für den Tod verantwortlich. Bei den alten Griechen sprach man von den drei Moiren. Sogar bei den Etruskern, den »Ureinwohnern« Italiens, tauchten diese drei einflussreichen Frauen auf, deren Power man noch über der Macht der Götter ansiedelte.

Zeigt das nicht, wie eng die Mythen in den verschiedenen Kulturen miteinander verwoben sind – in ganz Europa und in halb Asien? Und beweist das nicht abermals, dass es gemeinsame Menschheitserinnerungen gegeben haben muss, die nicht nur Märchen waren – zumindest bei einigen Details?

So oder so: Auch bei den alten Germanen stammen Menschen von Göttern ab oder werden von ihnen geschaffen. Es gibt keine Zwischenschritte oder Umwege über ein Tier.

Odin geriet später zum Allvater und Übergott der alten Germanen; man passte die Figur im Hochmittelalter immer stärker dem Gottvater der Christen an.

Das aber bedeutet: Mythen vermischen sich miteinander, selten erfahren sie keine Bereicherung, Inspiration oder Umwandlung durch andere Kulturen. Snorri Sturluson, der Verfasser der Snorri-Edda, war dafür verantwortlich, dass Odin fast austauschbar wurde mit dem bärtigen, allmächtigen Christengott, der wiederum viele Züge von Zeus angenommen hatte.[53]

Snorri Sturluson zufolge war es schließlich Odin, der alle Dinge schuf, Himmel, Erde und die Luft, und der den Menschen eine unsterbliche Seele gab. Der ursprüngliche Mythos veränderte sich also. Sogar eine Art Paradies und ein Vorläufer der Hölle wurden von Sturluson gezeichnet. Das ist allerdings eindeutig dem überpowernden christlichen Einfluss zu verdanken, der alle anderen früheren Geschichten beiseiteschob oder relativierte oder alles mit den neuen religiösen Ideen verschmolz.

Alte Religionen sterben nie über Nacht, und neue Religionen brauchen immer die Gunst der Schicksalsgöttinnen, sprich eine gewisse Zeit, um sich aus der Wiege zu erheben.

So weit so gut!

Gönnen wir uns nun erneut einige besonders bezeichnende Originalzitate, damit wir uns möglichst nahe an der ursprünglichen Quelle befinden.

Zitate aus der Edda

»Da hob Gangleri [= ein Beiname Odins] an zu sprechen: ›Wer ist der höchste und älteste aller Götter?‹
... ›Allvater heißt er in unserer Sprache, und im alten Asgard [= der Wohnort eines Göttergeschlechtes] hatte er zwölf Namen. Der erste ist Allvater, der andere Herran oder Herioan; der dritte Nikar oder Hnikar, der vierte ist Nikuz oder Hnkudr, der fünfte Fiolmnir, der sechste Oski, der siebente Omi, der achte Biflidi oder Biflindi, der neunte Whidar, der zehnte Swidrir, der elfte Widrir, der Zwölfte Jalg oder Jalkr.‹
Da fragte Gangleri: ›Wo ist dieser Gott oder was vermag er? Oder was hat er Großes getan?‹
... ›Er schuf Himmel und Erde und die Luft und alles, was darin ist. ... Das ist das Wichtigste, dass er den Menschen schuf und gab ihm den Geist, der leben soll und nie vergehen, wenn auch der Leib in der Erde fault oder zu Asche verbrannt wird. Auch sollen alle Menschen leben, die wohlgesittet sind, und mit ihm sein ... Aber böse

Menschen fahren zu Hel [= der Unterwelt, das Totenreich] und danach gen Niflhel; das ist unten in der neuen Welt.‹
Da fragte Gangleri: ›Was tat er, bevor Himmel und Erde geschaffen waren?‹
… ›Da war er bei den Hrmthursen [= Frostriesen].‹
Da fragte Gangleri: ›Wie ward die Welt, wie entstand sie, und was war zuvor?‹
›… Einst war das Alter, da alles nicht war, nicht Sand noch See, noch salz'ge Wellen, nicht Erde fand sich noch Überhimmel, gähnender Abgrund und Gras nirgend.‹ «[54]

An diesem Originalzitat erkennt man bereits die Variations- und Bandbreite der verschiedenen Edda-Erzählungen, Edda-Übersetzungen und Edda-Überlieferungen.

Nicht immer ist in der Edda die Reihenfolge der Schöpfung schlüssig, genauso wenig wie der Name des höchsten Gottes eindeutig. Sogar die besten Sprachwissenschaftler deuten einige Namen in der Edda unterschiedlich.

So darf man die Frage stellen, ob Herran nicht an Herr erinnert, und Herioan nicht an das Wort Heroe.

Und stellt sich der erste der Götter, der Göttervater Odin, selbst die Fragen in dem gerade vorgestellten Text? Gibt er persönlich die Antworten? Wie ist das zu verstehen? Verfügt er, wie die alten vedischen Götter, über verschiedene Identitäten und Körper?

Jedenfalls gibt es zahlreiche Ausdrücke für einen einzigen Gott, ganz davon abgesehen, dass es zahlreiche Götter gibt. Die Wortstämme der germanischen Götter wurden nie systematisch sprachwissenschaftlich untersucht. Doch auch so lassen sich Ähnlichkeiten zu den Göttern anderer Zivilisationen feststellen.

Die Fähigkeiten des Obergottes oder Hauptgottes Odin gemahnen verdächtig an den christlichen Gottvater; sie erinnern uns aber auch an Zeus und andere Hauptgötter in anderen Kulturen.

Götter gingen offenbar auf Wanderschaft. Sie wurden übernommen, ein wenig abgeändert, umgeändert und bevölkerten daraufhin problemlos auch den Himmel eines Nachbarvolkes. So kam es, dass ein Gott oft mit verschiedenen Namen belegt wurde, wie die zwölf Ausdrücke für Odin belegen.

BESONDERHEITEN

Zudem ist festzuhalten, dass die Mythen manchmal in sich selbst einen abgeschlossenen Kosmos bilden. Das heißt, eine Person wird nur durch die Handlungen einer anderen Person gekennzeichnet und definiert. Nur wenn man in diesen abgeschlossenen Kosmos eindringt, ergeben einige Aussagen Sinn.

Bemerkenswert sind weiter die unterschiedlichen Mythen zur Erschaffung des Menschen. Besonders populär scheint die Version zu sein, dass ein Riese anfing zu schwitzen. Unter seinem linken Arm entwuchsen ihm Mann und Weib, sein Fuß zeugte einen Sohn. Und wie beschreibt man die Herkunft des Menschen von Bäumen? Auf folgende Weise:»Sie nahmen zwei Bäume. ... schufen Menschen daraus. ... Sie gaben ihnen auch Kleider und Namen; den Mann nannten sie Ask und die Frau Embla, und von ihnen kommt das Menschengeschlecht ...«[55] Wer hier nicht an Adam und Eva erinnert wird!

Zum Teil werden die Mythen üppig ausgeschmückt, mit vielfarbigen Details oder mit ganzen Erzählungen, in denen immer wieder heftige Kämpfe eine Rolle spielen. Nun, die alten Germanen liebten ja auch den Kampf, er war ihr ureigenes Metier!

Weiter wurden aller Wahrscheinlichkeit nach die ursprünglichen Mythen im Laufe der Zeit ergänzt – ganz wie der griechische Dichter Hesiod mit Homers Epen umging. Die ursprünglichen Mythen laden geradezu dazu ein, zu fabulieren und neue, wilde Geschichten zu erfinden. Zu schön war es, abends am Lagerfeuer den alten Mythen zu lauschen und eine Nebenhandlung auszuschmücken, während das Feuer verheißungsvoll knisterte und ein Sänger oder Poet die Geschichten zum Besten gab.

Wiederholen wir: So wurde aus Ymir die Welt gebildet, aus seinem Blute das Meer und das Wasser, aus seinem Fleisch die Erde, aus seinen Knochen die Berge und die Steine und aus seinen Zähnen, Kinnbacken und dem zerbrochenen Gebein alles Mögliche. Im Weltmeer festigte sich die Erde. Sein Hirnschädel bildete den Himmel. Er erhob sich über die Erde mit vier Ecken oder Hörnern. Und jedem Horn wurde ein Zwerg namens Austri, Westri, Nordri und Sudri zugeordnet.

Unschwer erkennen wir unsere vier Himmelsrichtungen. Aus umherfliegenden Feuerfunken entstanden die Lichter am Himmel, um Himmel und Erde zu erhellen.

Im Original liest sich das folgendermaßen: »Sie gaben auch allen Lichtern ihre Stelle ... und setzten einem jeden seinen bestimmten Gang fest, wonach Tage und Jahre berechnet werden.«[56]

Die Sterne dienten als Methode, die Zeit zu messen und einzuteilen.

Die Realität der Germanen war deftig: Es gab Zauberweiber, Riesenweiber, mächtige Giganten und zähnefletschende Wölfe. Zwei unterschiedliche Göttergeschlechter bekriegten sich zum Teil heftig. Die *Wanen* lebten im Wasser und im Erdinneren, die *Asen* in den oberen Regionen bekämpften sie. Sie waren zahlreicher als die Wanen, außerdem kriegerischer, sie waren stärker und herrschten im Normalfall. Die Wanen hingegen symbolisierten eher die alten irdischen Fruchtbarkeitsgötter. Bemerkenswert ist auf jeden Fall, dass sich hier verschiedene Göttergeschlechter bekriegen – genau wie in den Veden oder bei den alten Griechen.

Götter waren zahlreich, wüst und wild. *Freya*, eine Ausnahme, war ursprünglich die Göttin der Liebe. *Loki* dagegen wurde als halber Schurke betrachtet.

Dazu bevölkerten viele Tiere die Realität der alten Germanen: vornehmlich Hirsche und Wölfe, aber auch Rösser, Falken oder Raben. Einige Tiere waren mit besonderen Fähigkeiten ausgestattet.

Über den Helweg gelangte man in das Totenreich Hel, das verdächtig an den Hades der alten Griechen, aber auch an unsere Hölle erinnert.

Es gibt in der Edda sogar eine Nibelungensage, die sich dort allerdings etwas anders liest als in dem bekannten Nibelungenlied. Die Handlung ist jedoch ähnlich. Die Hauptpersonen erhielten andere Namen: Sigurd = Siegfried, Gudrun = Kriemhild, Gunnar = Gunther, Högni = Hagen.

Und so erkennen wir, wie viel durch die Zeiten verändert wurde. Es wurde hinzugefügt, weggelassen, neugedichtet und umgedichtet. Und doch überlebten all diese Mythen, Sagen und Geschichten; ihr Kern blieb immer gleich.

KLEINES FAZIT

Erneut erstaunen uns die Ähnlichkeiten mit anderen Mythen. Ohne die germanische Mythologie gewaltsam auf einen gemeinsamen Nenner mit anderen Schöpfungsgeschichten bringen zu wollen, kann man folgende Gleichheiten konstatieren:

- Überall wird die Existenz von Göttern und Halbgöttern beschrieben sowie
- ihre Kriege und
- die Existenz von Riesen.
- Auch bei den alten Germanen gibt es eine Art Goldenes Zeitalter.
- Die große Vernichtung zu einem bestimmten Zeitpunkt, zumindest eine Art Flutkatastrophe, findet ebenso statt, ge-

nauso wie der Bericht, dass nur wenige errettet werden konnten.
- Grundsätzlich wird die Unsterblichkeit der Seele zugrundegelegt, sie wird von den Göttern hergeleitet oder von ihnen weitergegeben.
- Die Überlegenheit der Seele/des Geistes über Materie, Raum und Zeit wird sichtbar; das heißt, bestimmte mentale/spirituelle Fähigkeiten werden beschrieben.
- Die Rolle der Frau erinnert an ähnliche Erzählungen in anderen Mythen, sowohl in Bezug auf die Nornen als auch auf die Frauen, die Unfrieden stifteten und das Goldene Zeitalter beendeten.

Wieder wären wir mit Blindheit geschlagen, wenn wir die Ähnlichkeiten nicht registrierten.

Doch es kommt noch besser.

9. Was uns die alten Chinesen lehren

Er schuf sich selbst und das Ei um sich herum. Nach achtzehntausend Jahren zerbrach das Ei. Die obere Eihälfte wurde zum Himmel, die untere zur Erde. Weil der Himmel zu fallen drohte, stemmte sich *Pan Gu* dazwischen und stand solange da, bis der Himmel seinen Platz gefunden hatte.[57] So beschreibt eine der Schöpfungsmythen Chinas den Uranfang.

Auch Chinas Schöpfungsgeschichten geben zum Staunen Anlass. Erneut müssen wir festhalten, dass es im Rahmen einer so langen historischen Tradition, die zusammen mit der mündlichen Überlieferung leicht fünftausend, sechstausend, ja siebentausend

Jahre und länger zurückreicht, nicht nur einen Schöpfungsmythos gab.

Hinzu kommt, dass China riesig ist. Das Land erstreckt sich über eine Fläche von rund 10 Millionen km[58], auf der etwa 1,4 Milliarden Einwohner leben. In China werden zahlreiche Sprachen gesprochen, nicht nur die Amtssprache Mandarin/Hochchinesisch, sondern unter anderem auch Mongolisch, Koreanisch, Tibetisch, verschiedene Turksprachen und Englisch. Alle Völkerschaften auf diesem Boden haben ihre eigene Tradition und Überlieferung.

Hinzu kommen die verschiedenen Glaubensbekenntnisse. Die wichtigsten Religionen in China sind der Buddhismus, der Taoismus, der Islam, der Konfuzianismus und das Christentum. Alle versorgten sie das Riesenreich mit ihren eigenen Mythen.

Und dennoch gibt es eine Art eigenständige chinesische Urgeschichte, die von den Mythen der »eingewanderten« Religionen abweicht.

DIE CHINESISCHE MYTHOLOGIE

... stützt sich auf bruchstückhafte Legenden und vereinzelte Überlieferungen, die später von zahlreichen Gelehrten abgeändert wurden. Diese Legenden erzählen von Geistern und Dämonen, von Göttern und Drachen sowie von einer großen Flut, die ehemals über die Menschheit hereinbrach. Wieder lässt die Sintflut grüßen! Der Chinese glaubte weiter an mythische Tiere und Fabelwesen aller Art, an Feen und böse Geister, an Halbgötter und Riesen. Regelrecht vernarrt war und ist er in das Konzept der Unsterblichkeit. In keinem Land der Erde gibt es so viele Sagen, die sich mit einem immens hohen Alter beschäftigen, das man angeblich erreichen kann. Nicht nur in der Bibel gibt es Methusalems.

In den chinesischen Mythen tauchen darüber hinaus die sogenannten Acht Unsterblichen auf, die eine besondere Rolle spielen.

Der Chinese glaubte an ein Paradies, das ehemals existierte, und an Magie. Oder sollten wir besser sagen an übernatürliche Fähigkeiten?

Der bekannteste Schöpfungsmythos spricht wie gerade beschrieben von der Göttin *Nü* und dem Urmenschen Pan Gu, der bei der Trennung von Himmel und Erde half. Yang wurde der Himmel genannt, Yin die Erde. Das Denken in Dichotomien/Gegensätzen war offenbar frühester Bestandteil der chinesischen Mythologie, später schlug es sich im Taoismus nieder.

In den verschiedenen Legenden existierten unterschiedliche Himmelsgötter, auch von einer Urmaterie war die Rede. Man berichtete von Göttern, Göttinnen, Halbgöttern und hochtalentierten Menschen.

Der erste Mensch, Pan Gu, verfügte noch über die Fähigkeit des Gestaltwandels: er konnte sein Aussehen willkürlich verändern, wurde mehrfach wiedergeboren und war damit ebenfalls unsterblich.

Als Kulturbringer wurden die Drei Erhabenen angesehen, denen die chinesischen Urkaiser folgten. Alle diese Persönlichkeiten umwob man mit eigenen Legenden.

Es gab auch Bezüge zu anderen Planeten. Yi, ein Bogenschütze, zerschoss mit seinen Pfeilen neun der zehn »unheilbringenden Sonnen«, seine Gattin war die »Mutter der zehn Monde« – auf welche Himmelskörper damit auch immer angespielt wurde.

Gemeinsamkeiten mit anderen Mythen

Wir brauchen die verschiedenen Legenden und Mythen nicht alle nachzuerzählen. Konzentrieren wir uns nur auf die auffälligen Gemeinsamkeiten mit anderen Mythen.

Die alten Chinesen kannten zahlreiche Ungeheuer, und auch hier setzte man dem Chaos die Ordnung gegenüber. Sogar Betrüger gab es in den alten Legenden, wie etwa den neunschwänzigen Fuchs oder den Fürst der zehn Höllen.

Grundsätzlich berichtete man von göttlichen Wundern, wundersamen Verwandlungen, Kriegen zwischen den Göttern und einem Goldenen Zeitalter. Sogar die körperliche Verbindung zwischen Menschen und Göttern war Teil der chinesischen Mythologie.

Es gibt also auch hier jede Menge Ähnlichkeiten mit anderen Mythen!

Dazu existierten buchstäblich Dutzende von Göttern und Göttinnen, nur das ägyptische Pantheon war noch dichter besiedelt. Es gab eine Sonnen- und eine Mondgöttin sowie zahlreiche Fluss- und Berggötter. Die chinesische Mythologie berichtet von Göttern mit vier Augen und Schutzgöttern, von Kaisern und himmlischen Königen, von Meeresmonstern, einem Wassergott und einem Gott des Krieges. Weiter existierte ein Gott des Schlafes und der Träume, ein Riese, der die Sonne fangen wollte, ein Gott der Prüfungen und des Schrifttums, ein Donnergott und eine Göttin des Meeres.

Hochinteressant ist *Meng Po*, ein Gott, der dafür verantwortlich war, dass wiedergeborene Seelen ihre früheren Leben vergaßen und sich nicht daran erinnern konnten.

Halten wir erneut kurz inne: Mehr als auffallend ist, dass die Lehre der Reinkarnation in so vielen Kulturen anzutreffen ist, in Ägypten und Indien ohnehin, aber auch in China, bei zahlreichen Naturvölkern, im griechischen und römischen Raum, bei den alten Germanen und in Dutzenden anderer Kulturen. Schon lange vor dem Buddhismus und Hinduismus war diese Lehre in den Mythen zahlreicher Völkerschaften präsent.

Darüber hinaus ist die Anzahl der Kaiser, Herrscher, Stadt- und Erdgötter beeindruckend, genau wie im alten Sumer, in Ägypten oder in Griechenland. Es gab einen Gott des Wohlstandes und sogar einen Küchengott. Ein kopfloser Riese erinnert uns an die zahlreichen Sagen von überdimensionalen Leibern, so wie die Schutzgötter uns an die (christlichen) Schutzengel erinnern.

Stets werden Göttern und spirituell hochbegabten Menschen besondere Fähigkeiten zugeschrieben.

Eine Überlieferung, dass der Mensch vom Affen abstamme, findet sich nicht, wiewohl mehrere chinesische Mythen von intelligenten, sprechenden Affen berichten, die nicht immer gute Absichten verfolgen. Auch anderen Tieren werden Geist und Esprit zugesprochen; ganz davon abgesehen, dass auch im alten China die Existenz verschiedener Tiersprachen angenommen wird.

Wieder fällt auf, wie viele Gemeinsamkeiten es mit den Mythen anderer Völker gibt. Sie sind so zahlreich, dass es unmöglich ist, an einen Zufall zu glauben. Es gibt einfach überwältigend viele Mythen auf der Welt, die sich im Kern erstaunlich ähneln. Sie hatten jahrtausende- und vielleicht jahrzehntausendelang Bestand. Sie wurden wieder und wieder erzählt, in allen Weltgegenden.

Beruhte die Theorie der Abstammung des Menschen vom Affen auf Fakten, könnte man erwarten, dass auch diese Vorstellung in den Mythen der Völker auftaucht. Das ist aber nicht der Fall.

Während wir da und dort der Vorstellung von einer Urmaterie und Urgewässern begegnen, erschafft Materie oder Wasser jedoch nie etwas. Stets wird die Erschaffung des Menschen auf einen Gott oder auf verschiedene Götter zurückgeführt. Manchmal werden auch Götter erschaffen. Seltener wird jemand »aus sich selbst heraus« erschaffen oder geschaffen.

Weiter existiert überall eine Erinnerung an ein Goldenes Zeitaltern sowie eine Erinnerung an eine Sintflut. Immer wird uns die Vorstellung präsentiert, dass die Entwicklung des Menschen von »oben« nach »unten« verlief. Ein Abstieg des Menschengeschlechtes ist der gemeinsame Nenner. Die Urmenschen oder die Menschen, die vor langer, langer Zeit lebten, werden ausnahmslos als fähiger und begabter als der Jetztmensch dargestellt.

Dies würde bedeuten, dass wir uns heutzutage auf einem niedrigeren Niveau befänden als vor vielen Millionen Jahren. Angesichts des heutigen, beschämend niedrigen Integritätsniveaus ist diese Beobachtung vielleicht nicht einmal falsch. Der technische und technologische Fortschrittsglaube hat uns möglicherweise zu der Annahme verführt, dass wir uns auf einem aufsteigenden Ast befinden. Aber ein ethischer Fortschritt ging damit nie einher. Im Gegenteil: Das 20. Jahrhundert sah die furchtbarsten Kriege und die Entwicklung der Atombombe. Und das 21. Jahrhundert kommt immer noch nicht ohne Kriege aus.

Vielleicht ist es angebracht, ernsthaft darüber nachzudenken, ob die alten Mythen nicht zu Recht ein höheres Integritätsniveau der Menschheit einfordern.

10. Andere Mythen

Falls wir annehmen, dass wir mit den vorangegangenen Mythen den Bereich der Legenden, Sagen und der Religionsgeschichte erschöpft haben, irren wir.

Die Welt ist voll von ähnlichen Berichten. Schätzungsweise Hunderte davon zielen in die gleiche Richtung. Richten wir nur den Blick nach Südamerika, und picken wir ein Beispiel heraus.

Geheimnisse der Inkas

Die Inka-Zivilisation blühte etwa um 1200 bis 1572 nach Christi Geburt. Die Inkas reflektierten auf alle möglichen Götter und verfügten über erstaunliche Legenden. An der Spitze des Staates, der im heutigen Peru lag, stand der *Sapa Inka* (wörtl. = »der einzige oder oberste Inka«), der als Sohn des Sonnengottes *Inti* galt. Er besaß die meisten Goldvorräte. Sein gesamter Haushalt bestand aus Gold und Silber. Selbst einfachste Gebrauchsgegenstände wie Löffel oder Trinkgefäße wurden aus Gold hergestellt. Nach seinem Tod wurde der »einzige Inka« mumifiziert.

In der Hauptstadt Cuzsco stand der größte Sonnentempel der Inkas. Im ganzen Land gab es Sonnentempel, aber keiner dieser Tempel kam dem Sonnentempel in Cuzsco gleich. Selbst die Nebeneingänge waren mit Goldplatten ausgelegt. Das Tempelinnere war ausgeschmückt mit einer goldenen Scheibe, die die Sonne verkörperte. Die äußeren Mauern waren mit Goldstreifen verziert. Der Sonnenkult war Religion und Politik zugleich.

Es gab Sonnenjungfrauen, die in einer Art Kloster in völliger Keuschheit lebten – sie dienten der Sonne, dem Mond und bestimmten Sternen. Und riesige Pyramiden, streng nach astronomischen Gesichtspunkten ausgerichtet.

In Cuzsco gab es einen »heiligen Garten« mit einer überreichen Anzahl von nachgebildeten, lebensgroßer Pflanzen und Tieren aus Gold oder mitunter auch aus Silber, stilisiert von Künstlern.

Über allem thronte der »einzige Inka«. Die Parallele zum alten Ägypten wird deutlich.

Der religiösen Legende nach ist die Überlegenheit der Inkas auf ihre Herkunft von den Sternen zurückzuführen. Angeblich brachten ihnen Götter das Know-how rund um den Ackerbau bei, sie lehrten sie die Kunst des Webens und viele andere Techniken.

Zahlreiche Gottheiten im Inka-Himmel wiesen auf eine Herkunft von den Sternen hin. Es gab einen Gott des Donners und des Blitzes sowie einen Kriegsgott, namens *Awqakuq*, der mit dem Planeten Mars in Verbindung gebracht wurde ... wie im alten Rom!

Jungfrauen wurden mit der Venus assoziiert.

Wenn das nicht zum Nachdenken Anlass gibt!

Hawcha war der Gott der Gerechtigkeit und Vergeltung, aber auch der Herr über die Zeit und stand mit dem Planeten Saturn in Verbindung.

Immer wieder verwiesen die Inkas auf Sternbilder, so auf den Großen Bären oder auf die Plejaden, wenn sie von ihren Göttern sprachen. Die Plejaden sind ein Sternhaufen unserer Galaxie, die man mit dem bloßen Auge erkennen kann.

Mama Allpa, eine Fruchtbarkeitsgöttin mit zahlreichen Brüsten, wurde als Mondgöttin bezeichnet.

Mama Kuka war die Göttin der Gesundheit und Freude, ihr wurden zahlreiche Liebhaber angedichtet.

Wie bei den Griechen gab es eine überirdische Gestalt, die für den Schutz der Seefahrer zuständig war, ja sogar einen Götterboten, *Cuatahulya*, der an Hermes, den Götterboten der Hellenen erinnert.

Der Gott des Überflusses wiederum wurde mit dem Planeten Jupiter gleichgesetzt.

Mit dem Begriff *Huaca* bezeichnete man sämtliche Gottheiten oder übernatürliche Wesen, auch Kultstätten wie Berge, Felsen, große Steine, Gipfel, Quellen oder Brunnen. Man unterschied zwischen dem Diesseits, dem Jenseits und der Unterwelt. Das Jenseits war die Welt der Götter, die Unterwelt die Welt der Toten, das Diesseits beschrieb die normale Welt.

Auch eine Legende über eine Sintflut findet sich, weil die Menschen sündhaft und ungehorsam gewesen waren, woraufhin sie zum Teil von den großen Wassern vernichtet wurden.

Die Legende, dass der Mensch aus Lehm geschaffen worden war, kannten die Inkas ebenfalls.

Die Parallelen zur Bibel, aber auch zu zahlreichen anderen Frühzivilisationen, fallen in dieser Beziehung ins Auge.

Die religiöse Legende erzählt weiter, dass Gott den Menschen eine Seele gab, woraufhin er ihnen befahl, zur Erde hinabzusteigen. *Viracocha* war der Schöpfergott, der angeblich die Welt und das Menschengeschlecht erschaffen hatte.

Die Inkas kannten sogar den Begriff der Sünde und der Schuld. Die Sünde konnte man mittels eines rituellen Bades abwaschen.

Nach dem Glauben der »Söhne der Sonne« war alles beseelt. Bestimmte Menschen konnten sich in Steine, Falken, Kondore und generell Tiere verwandeln.

Die Inkas gingen auch von der Existenz von einer Art Schutzgeister aus. Ihre Priester wurden in einem »Wissenshaus« (*yachahu-asi*) in der Heilkunst unterrichtet. Einige Inkas sollen ein Alter von 132, ja von 150 Jahren erreicht haben, was erneut an die Bibel, aber auch an die alten Chinesen erinnert.

Priester begleiteten die Seelen der Toten in die Unterwelt. Darüber hinaus standen sie generell mit Gottheiten und Geistern in Kontakt. Sogar niedrige Priester konnten mit Toten reden.

Aber am auffälligsten ist die ständige Bezugnahme auf die Sterne. Es gab zahlreiche Heiligtümer und Beobachtungsorte, die sich lediglich mit den Bewegungen der Planeten am Nachthimmel befassten. Die Inkas waren besessen von den Sternen, von Sternbildern und von der Milchstraße. Die Milchstraße galt ihnen als die wichtigste Verbindung zwischen Lebenden, Toten und Göttern. Immer wieder betonen sie, dass sie Abkömmlinge von Außerirdischen seien und aus dem Raum kämen.

Archäoastronomische Forschung hat etabliert, dass die Inkas nicht nur die Sonne, sondern auch Jupiter, Saturn, Venus und Mars regelmäßig beobachteten, sowie das Verhältnis dieser Planeten zueinander. Einzelnen Sternen am Firmament ordneten sie verschiedene Völkerschaften zu.[59]

Handelt es sich bei den Gemeinsamkeiten mit anderen Mythen um reinen Zufall?

Geheimnisse der Maya

Das Maya-Reich nahm bereits etwa 2000 Jahre vor Christus seinen Anfang, bestand später aus 50 Kleinstaaten und war etwa so groß wie Deutschland heute. Die meisten Forscher vermuten, dass die Maya ursprünglich aus Asien stammten und einst über Sibirien, Alaska und Nordamerika in das südliche Mexiko einwanderten. Neueste Funde scheinen zu beweisen, dass sie sogar bis nach Florida und Südamerika kamen.

Zwischen 400 und 900 nach Christus, als wir uns in unseren Breiten noch im finstersten Mittelalter befanden, bauten die Maya bereits gewaltige, imposante Städte. Sie errichteten himmelsstürzende Pyramiden und verfügten über hochintelligente Bewässerungssysteme und ehrfurchtgebietende Tempel, Observatorien und Prachtbauen, die uns noch heute staunen lassen. Einige Gelehrte bezeichnen sie als die ersten Meister der Mathematik.

Wenn es um die Götter ging, war bei den Maya der sogenannte Chilan von besonderer Bedeutung – ein Priester mit großer Macht. Dieser Priester konnte angeblich Verstorbenen helfen zu reinkarnieren, sprich in einem neuen Körper Platz zu nehmen. Der Chilan stand gewissermaßen als Vermittler zwischen den Göttern und den Menschen. Die Seele, die sich dem Glauben der Maya gemäß im Blut befand, kehrte jedenfalls nach dem Tod wieder ins Leben zurück.

Wie bei den Griechen trugen die Götter vielfach menschliche Züge – sie waren den Überlieferungen zufolge uralt. Die Götter ernährten sich von Gerüchen, etwa von Räucherwerk und Blumendüften. Die Maya glaubten an einen Weltenschöpfer, an vier Riesen, die den Himmel in den vier Weltgegenden stützten, an einen Erdbeben-Dämon und an einen Regen- und Gewittergott. Weiter gab es einen Gott der Kaufleute und einen Gott des Krieges, ja sogar einen Gott des Todes. Darüber hinaus existierten eine

Erd- und Mondgöttin, ein Herr der Unterwelt und wahrscheinlich noch ein paar Götter mehr. Die Maya geizten nicht mit ihren Göttern.

Besonders interessant ist ein Gott, der »Herr des Wissens« genannt wurde; denn er wies das Volk der Maya der Legende nach auf wichtige Nahrungsquellen hin und lehrte sie das Schreiben und die Heilkunde.

Nach den Vorstellungen der Maya stiegen diese Götter oder kosmischen Lehrmeister einst zur Erde hinab und brachten ihnen Mathematik und Sternenkunde, Kunst und Kultur bei.

Handelte es sich hierbei um Außerirdische?

Fest steht, dass das Wissen förmlich explodierte: Tausend Jahre vor Pythagoras kannten die Maya bereits die Besonderheiten des rechtwinkligen Dreiecks, sie wussten um den Asteroidengürtel und hatten offenbar Kenntnis vom fernen Planeten Pluto. Sie stellten das Sonnensystem perfekt dar. Man fand zwischen Maya-Ruinen Darstellungen von steinernen Zahnrädern, entdeckte in den Dschungeln wiederholt gewaltige Pyramiden mit tonnenschweren Tempelsteinen sowie Darstellungen, die bis heute Rätsel aufgeben. Unzweifelhaft ist nur, dass das Know-how, das Wissen und die »Techniken« der Maya höchste Höhen erreichten.[60]

DIE NATURRELIGION DER JAPANER

Die ursprünglichste Religion in Japan ist der Shintoismus – der Begriff *Shinto* wird gern mit »Weg der Götter« übersetzt. Naturkräfte werden durch Götter verkörpert. Eine wichtige Rolle spielt die Sonnengöttin *Amaterasu*, daneben gibt es zahlreiche Gottheiten (*Kami* genannt), die zahlenmäßig unbegrenzt sind und sich in Form von Menschen, Tieren und sogar Gegenständen inkarnieren können.

Alles ist animistisch, alles ist belebt.

Der wichtigste Schöpfungsmythos berichtet von einer Welt, die ursprünglich aus Chaos bestand. Es werden verschiedene Göttergenerationen beschrieben.

Schließlich gab es das Urgötterpaar *Izanagi* und *Izanami*, ein Bruder–Schwester–Paar, das für die Entstehung der Welt, wie wir sie kennen, verantwortlich war. Die beiden schufen die japanischen Inseln, indem sie einen juwelengeschmückten Speer in den Ozean tauchten. Als sie ihn herauszogen, tropfte Salz von ihm, woraus sich die erste Insel bildete – später formten sich die anderen Inseln auf die gleiche Weise. Die ersten Landmassen im Urozean entstanden nur durch die Berührung des Speeres mit dem Wasser.

Aber in Japan gibt es auch eine chinesische Tradition, die davon spricht, dass das Chaos ursprünglich die Form eines Eies hatte, Himmel und Erde waren noch nicht getrennt. Weiter gibt es den Bericht von einem Anfangsgott, der aus einer weichen Masse emporstieg, zusammen mit anderen Urgöttern.

Auch die Japaner kennen ein Reich der Toten und eine Unterwelt mit speziellen Göttern.

DER ZOROASTRISMUS

Der Zoroastrismus geht auf den iranischen Priester und Gründer Zarathustra zurück, der entweder zur Wende des 1. Jahrtausends vor Christus oder um das Jahr 600 vor Christus lebte; die Forscher sind sich uneinig.

Nach seiner teilweise auf älteren Quellen beruhenden Lehre ist *Ahura Mazda* der Schöpfergott; er kreierte zuerst die Geister und daraufhin die Materie. Ahura Mazda wird jedoch nicht nur als Schöpfer, sondern auch als Erhalter der Welt angesehen und erinnert in dieser Beziehung ein wenig an Vishnu mit seinen Mehrfach-Funktionen.

Darüber hinaus kennt man im Zoroastrismus einen Himmel

und eine Hölle, einen Satan und damit den Gegenspieler Gottes; es gibt Engel sowie eine Versuchung durch den Teufel – wie im Neuen Testament. Wir entdecken sogar eine Art jungfräuliche Geburt, die Zarathustra zugeschrieben wurde.

Bis heute sind die erstaunlichen Parallelen des Zoroastrismus zum Judentum und Christentum weithin unbekannt. Der Grund liegt auf der Hand: Der Zoroastrismus wurde als Konkurrenzreligion empfunden. Und da Zarathustra vor Christus lebte, hielt man seine Lehre gleich zweimal für »gefährlich«, was die Christengemüter und -gemeinden anging.

Die Behauptung, dass hier »abgeschrieben« wurde, ist bis heute nicht entkräftet.

DIE POLYNESISCHEN RELIGIONEN UND DIE RELIGIONEN AUF PAZIFISCHEN INSELN

Absolut erstaunlich ist, dass man auf zahlreichen Inseln des pazifischen Ozeans, die doch so weit auseinanderliegen, ähnlichen oder sogar den gleichen Überlieferungen und »Erinnerungen« an die Frühzeit begegnet.

Die Maori, die bis nach Neuseeland gelangten, legen hierfür ebenso Zeugnis ab wie die Bewohner pazifischer Inseln, die sich in der Nähe Indonesiens befinden. Nur nebenbei: Die Bedeutung des Wortes Maori ist interessant: Es bedeutet »normal« oder die »Normalen« und wird als ein Gegenbegriff zu den »Unsterblichen« benutzt.

Gemäß den pazifischen Religionen und Mythen ist die Natur beseelt. Die Welt wimmelt nur so von Geistwesen und Schutzgöttern.

Und wie entstand der Mensch?

Um bei einem Stamm zu bleiben: Der »erste Mensch« hieß bei den Maori *Tiki*, Götter wurden als Kulturbringer angesehen. Strikt unterschied man zwischen Körper und Seele.

Die Legenden erzählen weiter von Vogelmenschen (Engeln?), von einem Gott der Bäume und Wälder und von einem Herrschergott des Meeres, der auch als Ahnherr der Adelsgeschlechter verehrt wurde und wird. Man fühlt sich an Poseidon und die Mythen rund um Atlantis und Mu erinnert – Atlantis lag angeblich im Atlantischen Ozean, jenseits von Gibraltar, Mu im Pazifik. Selbst ein Welt-Ei findet sich bei den Maori. Aus ihm schlüpfte der Schöpfergott. Der oberste Rand der Eierschale bildete den Himmel, der untere Rand die Erde.

Indianische Legenden

Wir dürfen nicht einmal beginnen, die indianischen Mythen zu durchforsten, denn es gibt einfach zu viele. Schätzungen von Forschern zufolge gibt es rund 400 mündlich überlieferte Traditionen, nur einige wenige wurden relativ spät schriftlich fixiert. Gemeinsam ist allen Indianern die Vorstellung von einer beseelten Natur und Geistern, die man schier überall antreffen kann, in allen Wäldern und bei allen Tieren.

Auch Indianer kennen Legenden über die Schöpfung der Welt und ein höchstes Wesen sowie Legenden über böse Geister. Ein Mythos berichtet von der Mutter aller Menschen, die vom Himmel auf die Erde fiel und von einer Schildkröte aus dem Meer gezogen wurde.

Viele Indianerstämme glaubten und glauben an ein Fortleben nach dem Tod und die grundsätzliche Möglichkeit, als Seele aus einem Körper herauszutreten. Die Natur mit all ihren Gewächsen und Tieren besitzt bei den Indianern einen viel höheren Stellenwert als bei uns, sogar die unmittelbare Kommunikation mit Pflanzen und bestimmten Tierarten ist möglich.

Afrikanische Legenden

Afrikanische Mythen gibt es ebenfalls jede Menge. Der afrikanische Kontinent kennt ja über tausend Sprachen, die in unseren Breiten nicht einmal dem Namen nach in Wörterbüchern stehen.

Beinahe ebenso zahlreich sind die Schöpfungsmythen, die genauso viele Gemeinsamkeiten haben: Immer bevölkern Geistwesen die Natur, es gibt gute und böse Geister. Auch Vorstellungen über ein Leben nach dem Tod existieren zuhauf.

Auf den ersten Blick könnte man einige Schöpfungsmythen der Lächerlichkeit preisgeben, denn es gibt Hunde, Hühner, Ferkel, Vögel und Spinnen, die einigen afrikanischen Völkern nach bei der Schöpfung mitwirkten. Doch tiefer liegend bedeutet es sicher, dass der Natur ein größerer Stellenwert zugewiesen wird als bei uns.

In vielen Mythen geht es um die Trennung von Himmel und Erde, um frühere paradiesische Zustände, das friedliche Zusammenleben von Urmenschen und Göttern sowie um den Paradiesverlust durch einen »Sündenfall« der Menschen.

Wieder springen die Parallelen zu anderen Schöpfungsmythen ins Auge.

Wie zu erwarten geizt auch der afrikanische Götterhimmel nicht mit Unsterblichen. Es existieren Mythen über zahlreiche Gottheiten, wie Erdgötter, Ahnengötter oder Flussgötter. Fast immer gibt es einen Schöpfergott, der sich in einigen Legenden nur aus sich selbst heraus erzeugt. Auch der Regen- und Gewittergott ist populär, aus Gründen, die man leicht nachvollziehen kann. In einer Legende kommen »Himmelsmenschen« vor, die aus Ton, Holz oder Blut geformt wurden, im Gegensatz zu den normalen Menschen, bei denen man nur Lehm benutzte.

Die Varianten sind zahlreich. Eine Legende erzählt von einer Urmutter, die die Welt erschuf, andere von höheren und niederen

Gottheiten. Bei den einen stammt der Mensch von Bäumen ab, bei anderen entstieg er aus Flüssen.

Bei den Dogon, einer Volksgruppe in Westafrika, ist der Schöpfergott *Amma* populär. Das Wort Amma erinnert uns an Amun-Re, den ägyptischen Hauptgott. Es gibt Erzählungen über den Ursprung des Universums aus dem Nichts, als es noch keine Zeit, keinen Raum und keine Materie gab, bis die Schöpfergestalt *Eyp* auftauchte. Er vermischte verschiedene Farben und nahm ein Ei, das sich zu unendlicher Größe ausdehnte. Schließlich zerbarst es in zahllose Stücke, aus denen die Gestirne entstanden.

Fast immer findet man auch den Kampf zwischen Gut und Böse und den Hinweis, dass einst Unsterbliche gegen Menschen kämpften.

Parallelen zur griechischen Mythologie und zur Bibel kann man fast am laufenden Band ziehen. Selbst von einem Goldenen Zeitalter ist oft die Rede, von der Trennung von Himmel und Erde und einem männlichen und weiblichen Prinzip. Auch auf der Erde lebten einst Götter, am Anfang herrschte Frieden zwischen Urmenschen und Göttern.

Es gibt Berichte über Riesen, über Menschen, die anfänglich unsterblich waren, später nicht mehr, sowie über Götter, die schließlich verärgert die Menschenwelt verließen. Götter zogen sich von der Erde zurück wegen menschlicher Untaten und menschlicher Überheblichkeit, was ebenfalls an eine ägyptische Legende über Amun-Re erinnert.

In zahlreichen unterschiedlichen Schöpfungsgeschichten wimmelt es unter anderem von Frauen, boshaften Gottheiten, Göttern, die zu Scherzen aufgelegt sind, und von Göttern, die lustvoll Menschen plagen; ja man begegnet sogar einem Vermittlergott zwischen Himmel und Erde, was an Jesus Christus gemahnt.

In Ruanda (Ost- und Zentralafrika) wird der Mensch aus Lehm und Speichel geformt, im Kongo aus Erde, in Mittelafrika weiß ein Mythos von einer Frau, die ein Kind nicht austrägt, sondern es in einen Topf legt und ihm Milch hinzufügt, bevor es »fertig« ist. Mythen aus Südafrika zufolge gehen Menschen aus Bäumen, Felsspalten oder Erdlöchern hervor.

Hochinteressant sind immer wieder die Differenzierungen zwischen Körper und Seele: Die Entstehung der Seele ist oft nicht identisch mit der Entstehung des Körpers. Seelen werden manchmal von einer »Geistmutter« zu einer Schwangeren geschickt.

Andere Schöpfungsberichte über den Menschen sprechen davon, dass Menschen aus der Erde, konkret aus einem Termitenhaufen, entstiegen seien, gewöhnlich ein Menschenpaar gleichzeitig, also Mann und Frau.

Der Einfluss von christlichen Lehren kann da und dort problemlos nachvollzogen werden – doch wer hier wen befruchtete, ist nicht immer festzustellen. Erstens sind einige afrikanische Legenden uralt, zweitens Teile der Bibel ägyptischen und damit afrikanischen Ursprungs, wie wir inzwischen wissen.

Einige Urmenschen wurden vergöttlicht. Manchmal spielen bestimmte Wörter oder Zaubersprüche eine Rolle, um etwas in die Existenz zu bringen. Und wer die Kraft heiliger Worte oder heiliger Schriftzeichen deuten konnte, ragte gewöhnlich weit über andere Menschen hinaus.

Auffallend ist auch, dass Tiere eine so große Rolle spielen. Zahlreiche Mythen berichten von Ziegen, Schafen, Affen und immer wieder Schlangen, die nicht notwendigerweise negativ gesehen werden, wie in der Bibel. Doch nie wird ein Affe als Vorläufer oder Urahn des Menschen angesehen.

Auch die Reinkarnation oder die Vorstellung der Wiedergeburt findet sich des Öfteren. Bei einigen afrikanischen Völkern werden aus diesem Grund die Körper ab einem bestimmten Alter mit sogenannten Schmuck- oder Ziernarben versehen, damit man sie im Falle des plötzlichen Todes und der Wiedergeburt wiedererkennen kann, wenn sie in einem neuen Leib wiederkommen. Man geht davon aus, dass der neue Babykörper die gleichen Narben tragen wird.[61]

Generell muss man wieder festhalten, dass die Ähnlichkeiten und Übereinstimmungen frappierender sind als die Unterschiede.

Dies aber führt uns zu einer ganz neuen Konzeption der Urgeschichte der Menschheit.

III.
Wie es gewesen sein könnte...

GEDANKENSPIELE

Nehmen wir einen Augenblick an, dass Darwins Theorie, der Mensch stamme vom Affen ab, falsch ist. Gehen wir außerdem davon aus, dass Darwin mit seiner Evolutions-Idee weit über das Ziel hinausgeschossen ist, als er annahm, dass sich aus unbelebter Materie Leben entwickeln könnte. Und setzen wir voraus, dass in den zahlreichen alten Mythen mehr als ein Körnchen Wahrheit steckt. Lassen wir das Argument gelten, es sei höchst unwahrscheinlich und kein Zufall, dass sich buchstäblich Hunderte, ja Tausende von Mythen zum Verwechseln ähneln, obwohl die Urheber unmöglich miteinander in Kontakt gestanden haben können; viele Entstehungsorte der Mythen lagen Tausende von Kilometern voneinander entfernt.

Warum sollten ein paar Dutzend Übergangsformen vom Affen zum Menschen, die noch dazu ständig in Frage gestellt werden, ein stärkeres Gewicht haben als Tausende von Erzählungen, Mythen und Berichten?

Lässt man diese Prämissen gelten, kommt man womöglich zu der Ansicht, dass extraterrestrische Zivilisationen auf die Entstehung des Menschengeschlechts Einfluss nahmen. Im 21. Jahrhundert spricht man nicht mehr von Göttern und Halbgöttern, sondern hebt auf die mathematische Tatsache ab, dass es Millionen von Planeten in unserer Galaxis gibt, die theoretisch bewohnt sein könnten oder bewohnbar sind. Man akzeptiert den Ausdruck Götter nicht mehr, sondern spricht von hochentwickelten Zivilisationen, die längst die Raumfahrt gemeistert haben und einst die

Erde heimsuchten, um dort ihre eigenen Ziele zu verfolgen. Vielleicht wird man von Invasoren sprechen, alles ist möglich.

Wollten fremde Zivilisationen nach Gold schürfen oder andere Metalle auf der Erde an sich reißen? Beabsichtigten sie, dazu eine niedere (Menschen-)Rasse zu benutzen, die intelligent genug war, halbwegs selbstständig zu arbeiten, aber nicht klug genug, um Aufstände zu entfachen? Wurde diese Menschenrasse auf der Erde geschaffen, oder stammten zumindest einige Rassen von anderen Planeten ab? Wer will darauf eine verlässliche Antwort geben? Wir bewegen uns ganz im Bereich der Spekulation.

Dennoch muss es erlaubt sein zu philosophieren und Möglichkeiten aufzuzeigen. Es muss gestattet sein, der Vorstellung, außerirdische Intelligenzen hätten einst die Erde heimgesucht, einen gewissen Wahrscheinlichkeitsgrad einzuräumen, zumal ja so viele Völker von ihrer Herkunft von den Sternen berichten.

Manche »Fabeltiere« vieler Mythen gab es tatsächlich – stellte sich später heraus. Anfänglich belächelte man entsprechende Behauptungen. Auch das Vorkommen von Riesen wird heute längst nicht mehr in Abrede gestellt. Schließlich leben auch in der Jetztzeit Menschen mit ungewöhnlicher Körpergröße, und einige Ausgrabungen beweisen, dass es einst sehr wohl Giganten gegeben haben könnte. Vielleicht sind all diese Mythen gar nicht so fantastisch?

Um zumindest einige dieser mythischen Vorstellungen zu illustrieren, um all diese Ideen über die Erschaffung des Menschen oder die Vorliebe der Götter, sich körperlich mit Menschenfrauen zu verbinden, zu veranschaulichen, stellen wir im folgenden Kapitel drei fiktive Kurzgeschichten vor. Sie dienen ausschließlich dazu, der Fantasie Flügel wachsen zu lassen. Sie spiegeln nicht die Realität wider. Doch sie mögen helfen, ehemalige Ereignisse eindrucksvoller zu machen, genau wie es den Erzählern der alten Mythen daran gelegen war, eine »Wahrheit« durch eine Geschichte zu untermalen und besser im Gedächtnis zu verankern.

Wer weiß schon, was morgen und übermorgen Realität genannt wird? Alles, was heute noch als bloße Möglichkeit erscheint, kann sich eines Tages zur anerkannten Philosophie oder Arbeitshypothese entwickeln. Demonstrierte das nicht Darwin hinlänglich, trotz seiner mageren Beweise? Wir wissen nicht, welche fantastischen Forschungs-Perspektiven uns schon im 22. Jahrhundert zur Verfügung stehen werden. Auf jeden Fall werden sie weit über das hinausgehen, was es heute gibt. Gönnen wir uns deshalb die folgenden Kurzgeschichten, und machen wir den alten Mythenschreibern Konkurrenz.

1. ADAM 1, 2 UND 3

Gebannt verfolgte der junge Bio-Ingenieur Hollo die wilde Jagd. Auf einem 3D-Bildschirm vor ihm wurde ein Büffel von einem Löwen gehetzt. Ein Büffel? Er konnte die Hörner des Rindes nicht genau erkennen. Schnell holte Hollo das Geschehen näher zu sich heran, sodass er jedes Detail nachvollziehen konnte. Nun sah er nicht nur deutlich die spitzen Hörner des Büffels, sondern auch die Bein- und Rückenmuskeln des Löwen. Kurz zoomte er auf die gelben, mörderisch funkelnden Augen. Dann verschob er das Bild wieder zu den Muskeln. In gewaltigen Sprüngen sprintete der Löwe auf den Büffel zu.

In diesem Augenblick drehte sich das Rind um, senkte angriffslustig sein Haupt und drohte dem heranjagenden Raubtier mit seinen gefährlichen Hörnern. Der Löwe stoppte unwillkürlich und schüttelte seine Mähne.

Der Büffel neigte seinen Kopf noch tiefer. Seine Augen funkelten. Dann rannte er wütend auf den Löwen zu. Doch der sprang lässig zur Seite. Dann brüllte er herausfordernd, ja beinahe höhnisch. Der Schnelligkeit der Raubkatze hatte der Büffel nichts entgegenzusetzen. Er machte noch ein, zwei hilflose Angriffsversuche, doch der Löwe sprang fast gelangweilt zur Seite. Seine gelben Augen glühten noch immer vor Mordlust.

Hollo zoomte nun aus verschiedenen Winkeln auf die Szene. Es handelte sich zweifellos um einen Kampf auf Leben und Tod. Der Löwe würde nicht aufgeben, und auch der Büffel würde bis zum letzten Atemzug sein Leben verteidigen. Der Ausgang war offen. Einer würde auf der Strecke bleiben; es gab Fälle, da Löwen sich zum Schluss schwerverletzt davonschleppten.

Hollo bemerkte, wie sich die Brustmuskeln des Löwen zusammenzogen. Aha, er musste auch ein besonderes Augenmerk auf die genauen Bewegungen der Brustmuskeln haben, wenn er einen Menschen konstruieren wollte.

Kurz dachte Hollo an seine eigentliche Aufgabe: Auf dem ihm und anderen Bio-Ingenieuren zugewiesenen Programm stand die Konstruktion eines Menschen: die denkbar größte Ungeheuerlichkeit. Es ging um die Kreation eines Lebewesens. Das sollte allerdings keinen elektronischen Körper, sondern einen echten, festen Körper bekommen. Er und seine Kollegen würden wieder einmal Gott spielen. Die Bewegungen des Löwen und des Büffels zu studieren diente lediglich der Inspiration für die eigentliche Aufgabe.

Die Herausforderung bestand darin, den Menschen nicht zu dumm und nicht zu klug zu machen. Er brauchte einen Körper, um Sklavendienste zu leisten und die Arbeiten zu erledigen, die man nicht selbst erledigen wollte, aber auch keinem Roboter anvertrauen konnte. Dieser Mensch sollte über dem Tier stehen, allerdings nicht ohne festen Körper operieren können, wie es alle höheren Mitglieder der Galaktischen Wissenschaftlichen Gesellschaft, der auch die Bio-Ingenieure angehörten, selbstverständlich konnten. Dem neu kreierten Menschen sollte das nicht gestattet sein, sonst wäre er nicht zu kontrollieren.

Scharf beobachtete Hollo weiterhin das Spiel des Löwen. Diesmal fokussierte er den Blick auf die Mähne und die Pfoten des

Raubtiers. Die breiten Pfoten waren mit vier scharfen Krallen versehen, die Mähne war rostbraun und reichte bis zum Bauch. Dadurch konnte er zwar einige Muskeln nicht so genau studieren, doch dank seines Gerätes konnte er sogar in die Tiefen eines Objektes eindringen. Wie konnten diese Beobachtungen seiner Aufgabe von Nutzen sein?

Auch der Mensch musste stark sein und gefährlich für seine Umwelt. Tieren gegenüber musste er unbesiegbar sein – nicht aufgrund seiner Muskelkraft, sondern aufgrund seines Verstandes. Er würde seinem ersten Menschen, den er Adam 1 getauft hatte, eine Art Gehirn geben müssen, das einerseits nicht zu selbstständig dachte und zum Gehorsam fähig war, und andererseits selbst knffligste Aufgaben lösen konnte. Das war ein nicht leicht auszuführender Drahtseilakt.

»Dumm und intelligent zugleich muss der Mensch sein«, murmelte Hollo leise.

Wie sollte ihm dieser Spagat gelingen?

Er blickte auf den Film, den er kurz angehalten hatte, und danach auf die kleinen, winzigen Motoren und Geräte, die er bereits gebaut hatte. Sie würden die verschiedenen Organe zum Laufen bringen. Lehm und Knete standen bereit, um den Menschen zum Schluss vollkommen erscheinen zu lassen. Ein Skelettmodell von Adam 1 stand bereits neben seinem Arbeitstisch. Nur die letzten Schritte fehlten noch, ein paar Muskeln.

Später würde es Adam 2 und Adam 3, 4 und 5 geben. Doch der alles entscheidende Durchbruch musste mit Adam 1 gelingen.

Neugierig betrachtete Hollo sein Werk. Adam 1 schaute ihn vorwurfsvoll an. Na ja, kein Wunder, noch war er nicht vollendet.

Der junge Bio-Ingenieur ließ den Film weiterlaufen. Er musste lernen. Wieder fesselte ihn der Kampf zwischen Löwe und Büffel. Der Büffel wandte sich jetzt wieder ab und ergriff erneut die Flucht. Ein Fehler! Es war ein junger Büffel, der offenbar nur wenig Erfahrung hatte. Sofort setzte ihm der Löwe nach.

Aha! Er musste also seinen Menschen so ausstatten, dass sein Verstand Dinge möglichst schnell begreifen konnte. Er musste auf das Nervensystem und das Gehirn seiner Schöpfung besondere Aufmerksamkeit legen. Er würde nicht nur eine Lunge brauchen, die Sauerstoff in den Körper pumpen konnte, oder ein Herz, das diese menschlichen Kohle- und Wasserstoff-Maschine antrieb; er würde nicht nur eine Leber zur inneren Reinigung des Körpers oder einen Magen und Verdauungstrakt benötigen, um Energie in den Menschenleib fließen zu lassen. Von besonderer Bedeutung war das Gehirn – in Verbindung mit dem Nervensystem.

Der Büffel floh weiter. Da sprang der Löwe das Rind von hinten an und verbiss sich in seine Schwanzwurzel und das Hinterteil. Der Büffel versuchte mit den Hinterbeinen auszuschlagen, doch das misslang. Wahrscheinlich durchzuckte gerade ein furchtbarer Schmerz seinen Körper. Der Löwe hatte sich endgültig festgebissen.

Hollo überlegte, ob er für seinen Menschen vielleicht ein stärkeres Herz brauchen würde, das, wenn notwendig, das Blut rascher durch den Körper pumpen konnte. Adam 1 durfte nicht so leicht außer Gefecht gesetzt werden. Das Herz müsste wie ein Motor funktionieren und viele Jahre lang ohne Überholung auskommen.

Nun warf sich der Löwe mit seinem ganzen Gewicht auf den Büffel. Dieser kippte zur Seite und stürzte zu Boden. Sofort schnappte sich der Löwe die Kehle seiner Beute. Er verbiss sich in das Fleisch und schnürte dem Rind damit die Luft ab.

Hollo zoomte näher an das Gebiss des Löwen heran. Solche Zähne brauchte Adam 1 nicht. Schließlich würde sein Mensch mittels seines Verstandes kämpfen. Dennoch war es notwendig, auch Adam 1 mit einem Mund und Zähnen sowie mit Armen und Händen zu versehen.

Hollo musterte die Beine des Löwen genauer. Sie strotzten vor Muskelkraft. So stark musste Adam 1 nicht zu sein. Hollo fuhr mit seinem Gerät, in dem es auch ein Spezial-Zoom-Mikroskop gab, noch näher an das Bild heran. Diesmal nahm er einen einzelnen Zahn in Augenschein. Er erschien vor ihm in dreidimensionaler Ausführung, sodass er ihn von allen Seiten betrachten konnte. Gleichzeitig sah er die Luftröhre des Büffels, die durch den Zahn und den Gaumen des Löwen gerade zusammengepresst wurde. Der Büffel würde über kurz oder lang keine Luft mehr bekommen.

Luft, Luft, Atem – das war wichtig! Das war ideal, um einen Menschen zu kontrollieren. Er hatte einen Menschenkörper konstruiert, der nur kurze Zeit ohne Luft auskam. Auf diese Weise konnte man einen menschlichen Körper wunderbar manipulieren; man konnte ihm einfach die Luftzufuhr abschneiden – und somit zum Gehorsam zwingen. Ja, Luft war Leben, man konnte den Atem mit Leben gleichsetzen.

Was brauchte er noch? Ein Menschenkörper musste auf der einen Seite unglaublich stark sein und auf der anderen Seite unglaublich verletzlich. Beides war nötig. Nur so konnte man ihn kontrollieren.

Oh, es war nicht leicht, Adam 1 zu konstruieren! Aber sein Menschenmodell würde funktionieren! Und dann würde es massenhaft vom Band laufen.

Der Bio-Ingenieur studierte kurz die Augen des Löwen. Sie waren jetzt nicht mehr so weit aufgerissen. Der Löwe konzentrierte sich ganz darauf, dem Büffel das Leben zu nehmen. Er war der ideale Killer. Sollte er auch den Menschen zu einem Killer formen? Nein, das war nicht nötig.

Hollo fummelte noch ein wenig herum und machte die letzten Handgriffe. In aller Eile formte er den letzten Muskel aus der Knete, die wie Lehm aussah. Dann setzte er ihn vorsichtig an die richtige Stelle im Skelett. Kurz darauf war er bereit für den ersten Test; Aufregung machte sich in ihm breit.

Der Mensch musste automatisch laufen, zumindest halbautomatisch. Noch einmal überlegte Hollo. Nein, er würde seinen

Adam 1 nicht mit Flügeln ausstatten, wie es bestimmt einige Kollegen mit ihren Modellen vorschlagen würden. Zwei Arme mit Händen mussten genügen.

Ein schneller Blick auf den Bildschirm zeigte ihm, dass der Büffel gerade seinen Widerstand aufgab. Nun schlug der Löwe seine Zähne voll in das noch warme Fleisch und machte sich über seine Beute her.

Hollo fuhr mit einer Hand fast zärtlich über seinen Adam 1. Auch am Nervensystem würde er nichts mehr ändern, genauso wenig wie am Gehirn »Nicht zu klug, nicht zu dumm!«, wiederholte er leise.

Dann war der Moment aller Momente gekommen. Hollo setzte nur noch einen allerletzten Mini-Apparat in den Lehm, eine winzige Apparatur, in der Höhe des Herzens. Das Herz musste jetzt gleich zu schlagen beginnen.

»Geh!«, befahl Hollo daraufhin dem Menschen. Die Spannung war fast nicht auszuhalten. Der Mensch machte zwei Schritte, wankte kurz, kippte nach rechts zur Seite und stürzte zu Boden. »Steh auf!«, befahl Hollo ungeduldig und fügte dann etwas sanfter hinzu: »Erhebe dich!« Der Mensch blieb einfach liegen und rührte sich nicht mehr.

Etwas fehlte. Nur was?

Unzufrieden schaute sich Hollo um. Er befand sich in einer riesigen, hochtechnisierten Halle, unterteilt in einzelne Abteilungen, in der er und Hunderte von Bio-Ingenieuren an den verschiedensten Projekten arbeiteten. Einige Bio-Ingenieure kümmerten sich nur um Vögel, andere um Fische, wieder andere um Landtiere.

Alle arbeiteten sie mit Bildhauern und Malern zusammen. Die Maler liebten es, die kleineren Fische und Vögel in den knalligsten Farben auszustaffieren. Einer von ihnen hatte sich ein weißes Pferd vorgenommen, versah es mit schwarzen Streifen und taufte es Zebra.

Die Bildhauer ließen sich die unglaublichsten Skulpturen und Körperformen einfallen, auch ausgefallenere Meerestiere, eines mit zahlreichen Armen und Saugnäpfen, dem sie den Namen Oktopus gaben. Vögel mit staksigen, dünnen Beinen und gebogenen Schnäbeln und rosarotem Gefieder waren Flamingos getauft worden.

Als Hollo das erste Mal die Halle der Erfinder betreten hatte, hatte er nur gestaunt. Einige Bio-Ingenieure waren auf Augen spezialisiert, andere auf Schnäbel, Münder und Mäuler, wieder andere auf Nasen oder Beine. Längst gab es Künstler, die nur wohlgeformte Brüste und Brustformen herstellten, andere beschäftigten sich mit Federn und Gefieder. Hälse, Schnäbel und Hände luden dazu ein, die unglaublichsten Formen für alle möglichen Tiere zu erfinden.

Bei Vögeln musste man darauf achten, dass die Schwingen kräftig genug waren, um einen schweren Rumpf durch die Lüfte zu tragen. Die Füße mussten breit genug sein, um das Gewicht eines Körpers bei unterschiedlichen Gravitationen tragen zu können.

Ein neuer Tierkörper musste mit der Gravitation und der Umgebung harmonisieren, sonst hatte er keine Überlebenschance. Es gab längst Prototypen für bestimmte Planeten, die ihre Tests bereits bestanden hatten. Sie wurden wiederholt eingesetzt und oftmals nur leicht abgeändert.

Maler und Bildhauer liebten die Herausforderung, doch wenn sie nicht mit den Bio-Ingenieuren Hand in Hand arbeiteten, landeten ihre Entwürfe im Papierkorb.

Hollo hatte für seinen Menschen ursprünglich einen begabten Bildhauer und einen Maler angeheuert. Zudem gab es bereits eine Art Homo-Prototyp, der ihm neunzig Prozent der Arbeit abgenommen hatte. Wenn eine Kreatur aufrecht gehen konnte, zwei Arme und zwei Beine hatte sowie ein hochentwickeltes Nervensystem und ein Gehirn, schien es verführerisch zu sein. Am Kopf des Menschen hatten sich Haarkünstler versucht und bereits Hunderte von Frisuren entworfen.

Aber dieses Wissen nutzte ihm im Moment wenig. Er musste ein Problem lösen. Entschlossen drückte er einige Tasten. Eine Holofigur erschien, absichtlich unkenntlich in ihren Umrissen, um die Körper herstellenden Künstler nicht sehr zu beeinflussen.

»Ich brauche einen Assistenten!«, teilte Hollo der virtuellen Erscheinung mit.

»Ist Adam 1 gescheitert?«, erkundigte sich die randlose 3D-Figur höflich.

»Gescheitert würde ich es nicht nennen, aber es sind noch einige Versuche erforderlich«, suchte sich Hollo herauszureden.

»Genehmigt!«, antwortete die 3D-Gestalt, ohne weitere Fragen zu stellen; dann verschwand sie so schnell wie sie aufgetaucht war.

Hollo wartete ungeduldig. Doch er nutzte die Zeit. Er hob den Menschen vom Boden auf und setzte ihn ordentlich auf einen Stuhl.

Der ließ es geschehen, ließ jedoch keine Anzeichen erkennen, dass er wieder zum Leben erwacht wäre. Er hielt die Augen geschlossen, die Muskeln arbeiteten nicht. Aber er sackte auch nicht auf dem Stuhl zusammen. Vielleicht war das ein gutes Zeichen.

Wenig später erschien ein Assistent, so wie es sich Hollo gewünscht hatte, auch er war nur in elektronischen Umrissen erkennbar.

Hollo fackelte nicht lange. Übergangslos deutete er auf Adam 1 und verlangte: »Ich muss ein Experiment durchführen. Könntest du diesen Körper, der den Namen Adam 1 trägt, übernehmen und dirigieren?«

»Kein Problem«, erwiderte der elektronische Assistent. Er war an ungewöhnliche Wünsche gewöhnt. »Mit welchem Computer soll ich ihn kontrollieren?« Suchend schaute sich der Assistent um.

»Nein, nein! Ich meine: Könntest du in diesen Menschenleib schlüpfen und ihn von innen kontrollieren? Könntest du vorgeben, Adam 1 zu sein? Ich weiß, das ist eine immense Herausforderung!«

Hollo hielt den Atem an.

»Ich soll in diesen künstlichen Leib schlüpfen?«

»Wenn die Aufgabe dich überfordert, kann ich auch einen anderen Assistenten verlangen, der ...!«

»Nein! Ich meine nur: Die Aufgabe ist ungewöhnlich.«

»Es wäre ein ungeheuerlicher Durchbruch, wenn wir erfolgreich sind.«

»Ich soll also in Adam 1 hineinschlüpfen? Soll ich mich in seinen Kopf begeben? Soll ich ihn von dort aus steuern?«

»Das Gehirn und das Nervensystem steuert Adam 1. Aber es muss jemanden in ihm geben, der die Steuerung dirigiert. Verstehst du? Du könntest in Adam 1 oder ein wenig hinter Adam 1 sein, ein wenig außerhalb des Kopfes oder halb im Kopf, wenn du verstehst, was ich sagen will.«

»Eine neue Perspektive.«

»Und aufregend!«, lockte Hollo.

»Nun gut, warum nicht. Versuchen kann ich es. Wie soll ich vorgehen?«

»Lege einfach deinen elektronischen Leib hier auf den Boden. Lass ihn ruhen. Verlasse ihn und begib dich dann hinter den Kopf von Adam 1. Von dort aus gibst du seinem Gehirn und seinem Nervensystem die Befehle!«

Der Assistent schaute Hollo noch einmal zweifelnd an. Dann legte er seine sich ständig verschiebenden, elektronischen Umrisse wie geheißen auf den Boden.

Hollo wartete. Nichts passierte.

Adam 1, inzwischen doch noch zusammengesackt, lag wie ein Häufchen Elend regungslos auf seinem Stuhl. Die Spannung war kaum auszuhalten. Da! Er bewegte sich! Die Muskeln und das Gewebe strafften sich. Mit einem Mal richtete sich Adam 1 kerzengerade auf. Einen Augenblick später erhob er sich.

Hollo war sprachlos. Dann lächelte er.

Adam 1 bewegte Arme und Beine. Die Bewegungen waren koordiniert und logisch. Adam 1 funktionierte!

»Kannst du reden?«, fragte ihn Hollo. »Mit diesem neuen Körper?«

»Klar kanne räden«, antwortete Adam 1 holprig. Seine Lippen, sein Mund und sein Gaumen bewegten sich. Danach sprach er erheblich deutlicher und praktisch korrekt: »Natürlich kann ich reden.«

Adam 1 – oder genauer gesagt dem Assistenten – fiel es offenbar nicht schwer, Gaumen, Zunge und Luftzufuhr zu kontrollieren, die für Wörter notwendig waren.

»Fantastisch!«, kommentierte Hollo überwältigt.

Adam 1 bewegte jetzt die Hände, dann jeden einzelnen Finger.

»Ein reichlich umständlicher Körper«, befand Adam 1. Und fügte hinzu: »Aber die Sprache lässt sich schnell erlernen.«

»Du kannst Adam 1 vollständig kontrollieren?«, rückversicherte sich Hollo; er war noch immer verblüfft.

»Kein Problem!« Es klang beinahe stolz.

Adam 1 befingerte sich jetzt selbst. Er strich sich über die Augen, den Mund und die Nase. Dann fasste er sich an sein Geschlecht.

»Was ist das?«, fragte er.

»Es ist zur Fortpflanzung notwendig.«

»Hmm!«, kommentierte Adam 1 nur. Dann bat er unvermittelt: »Ich würde mich gerne fortpflanzen. Und danach möchte ich sehr viel essen, aber nur besonders leckere Speisen.« Hollo war klar, dass die ganze Zeit über der Assistent sprach, wenn auch aus Adams Munde.

»Das ist verständlich. Der Prototyp ist genau mit diesen Programmen und Wünschen ausgestattet. Aber mich interessiert: »Was sind deine Wahrnehmungen in diesem Körper?«

»Ich habe einige unangenehme Empfindungen im Unterleib und im Bauch. Sie sind bohrend oder nagend. Es grenzt fast an ... Schmerzen.«

»Schmerzen?«

»Es sticht und pocht an einigen Stellen. Ich werde diesen Körper deshalb jetzt wieder verlassen. Er passt mir nicht. Er ist ... unangenehm.«

Augenblicke später sank Adam 1 wieder in sich zusammen. Hollo platzierte ihn erneut auf dem Stuhl.

Der Assistent griff nach seiner elektronischen Hülle. »Ich muss noch einem anderen Bio-Ingenieur helfen«, sagte er knapp und verschwand grußlos.

Hollo wusste, er konnte, er durfte den Assistenten zu nichts zwingen. Das verbot der Kodex der Erfinder.

»Auf Wiedersehen!«, sagte er deshalb mechanisch in den leeren Raum. Vergeblich bemühte er sich, seine Enttäuschung hinunterzuschlucken.

Hollo starrte auf seinen Menschen, der wieder wie ein toter Klotz auf seinem Stuhl hockte. Er konnte sich nicht zurückhalten und verpasste Adam 1 einen Tritt vors Schienbein.

Er brauchte eine Idee. Er brauchte dringender als alles andere eine Idee.

Was war schiefgelaufen? Was hatte nicht funktioniert?

Auf jeden Fall hatte sich Adam 1 das erste Mal eigenständig bewegt und sogar gesprochen! Wenn er es genau überlegte, war das bereits Adam 2, nicht mehr Adam 1. Er musste jetzt nur noch Adam 3 erfinden, dann war der Fisch geputzt.

Nur, was hatte nicht funktioniert?

Der Assistent hatte Adam 2 ohne seine Erlaubnis verlassen. Er hatte sich einfach davongemacht, gerade als es spannend zu werden begann.

Hollo blickte auf den Menschenkörper vor sich auf dem Stuhl.

»Sag doch mal was«, herrschte Hollo ihn unvermittelt an. »Wie kriege ich einen Faulpelz wie dich auf Trab?«

Adam 1, der jetzt zu Adam 2 befördert worden war, schwieg beharrlich.

Eigentlich lag die Lösung auf der Hand. Er musste einen Mechanismus konstruieren, der es dem Bewohner eines Körpers verunmöglichte, diesen nach Lust und Laune wieder zu verlassen. Das belebende Prinzip im Menschenkörper musste gezwungen werden, im Körper zu bleiben, bis er ihm die Erlaubnis erteilte, diesen zu verlassen. Nur, wie ließ sich das mechanisch bewerkstelligen?

Hollo durchforschte erneut die Arbeiten der anderen Bio-Ingenieure. Er studierte abermals Schimpansen und Gorillas, Delfine und Elefanten, kurz die intelligentesten Tiere. Es war undenkbar, dass sie nicht auch von einem belebenden Prinzip beseelt wurden, auch wenn das vielleicht nicht so fähig war, wie es bei einem Mensch geplant war. Die Entscheidungen, die diese intelligenten Tiere trafen, die Umsicht, mit der sie ihre Jungen aufzogen, kurz auf welche Weise sie überlebten, bewies, dass sie nicht nur mechanisch-technische Objekte waren. Wie nur war es den Erfindern dieser Tierkörper gelungen, dass sich der innere Antrieb, der diese Körper belebte, nicht einfach so davonstahl?

Als Hollo zum wiederholten Mal intensiv einen Schimpansen auf dem Schirm beobachtete, entdeckte er eine fast unsichtbare kugelrunde elektronische Hülle, die den Affenkörper in einer gewissen Distanz umgab. Sie schimmerte gelblich und sprühte Funken.

Hollo war wie elektrisiert, überlegte hin und her und war zum Zerreißen gespannt. Natürlich! Ja, das war der Knackpunkt! Sobald ein Körper als Gefängnis empfunden wurde und das belebende Prinzip sich davonmachen wollte, wurde es von der elektronische Barriere aufgehalten und einfach wieder zurück in den Körper geschleudert.

Hollo zoomte die Hohlkugel näher heran. Ja, ja, ja! Ein Assistent – oder wer auch immer den Schimpansen gerade befehligte – konnte den Leib nicht einfach so verlassen, falls er fliehen wollte! Das wurde ihm auf elektronische Art und Weise beigebracht. Er wurde »erzogen«. Das bedeutete, er müsste so eine Kugel konstruieren. Wieder wandte er sich Adam 2 zu.

»Die Kugel ist die Lösung unseres Problems, mein Junge!«, sagte er.

Adam reagierte nicht. Er starrte nur blöde vor sich hin.

»Du wirst schon noch kapieren, was ich meine«, munterte ihn Hollo auf. Jovial schlug er ihm auf die Schulter. Dann machte er sich an die Arbeit.

Er konstruierte eine elektronische Hohlkugel exakt nach dem Vorbild des Schimpansen. Der Erfinder hatte damals sogar einen Preis bekommen. Zusätzlich entwickelte Hollo einen Mechanismus, um die Kugel mittels eines ferngesteuerten, komplizierten Systems ein- und auszuschalten. Dieses System ließe sich nicht kopieren, und nur er selbst würde es kennen. Dafür erfand er eine ellenlange, mathematische Formel, die garantiert niemand herausbekommen konnte. Nach getaner Arbeit atmete er auf.

Zu guter Letzt positionierte er die elektronische Kugel so, dass sie Adam 2 wie eine Schale umhüllte. Niemand konnte jetzt unerlaubt in den Körper seines Menschen eintreten. Gleichzeitig konnte kein belebendes Prinzip diesen Menschenkörper ohne seine Erlaubnis verlassen. Begeistert wandte er sich Adam 2 zu: »Gleich bist du dran, mein Junge. Gleich wirst du herumhüpfen wie ein Reh!«

»Ich brauche einen Assistenten!«, schrie Hollo in ein Mikrofon. Eine mechanische, kratzende Stimme antwortete: »Im Moment steht kein Assistent zur Verfügung. Sie haben Ihr Kontingent an Assistenten für die nächsten zwei Tage ausgeschöpft. Erst danach ist es wieder möglich, dass ...«

Ärgerlich schaltete Hollo den Empfang ab, ohne sich den Satz bis zum Ende anzuhören. Was für eine schwachsinnige, elende Bagage! Da trommelten sie die intelligentesten Erfinder zusammen und schafften es nicht einmal, genügend Assistenten vorzuhalten. Was sollte, was konnte er tun?

Angestrengt überlegte er. Vorwurfsvoll starrte er den Menschen an, der aber wie immer nur mit einem leeren Blick antwortete.

»Wir werden nicht warten, Adam 2«, beschied Hollo schließlich. »Mach dir keine Sorgen!«

Dann musste er das Experiment mit Adam 3 eben ohne Assistenten durchführen. Er würde selbst in den Ring steigen! Umständlich bereitete er sich vor. Es war ein Wagnis. Aber nur Erfinder, die das Letzte gegeben hatten, standen heute ganz oben auf dem Siegertreppchen. Seine Vorbereitungen liefen etwas zu eilig an, aber auch das war im Moment egal. Er musste es jetzt wissen! Seine Stimmung hob sich. Nur die mutigsten Erfinder wagten, was er gerade zu tun gedachte.

Hollo schlüpfte in den Leib von Adam 3. Er schnellte förmlich in ihn hinein. Er konnte es kaum abwarten zu erleben, wie sich Adam 3 von innen anfühlte. Das Experiment würde ihm völlig neue Einsichten gewähren. Kaum im Körper, versuchte er bereits aufzustehen. Mühelos konnte er Adams Beine heben und bewegen. Dann testete er die Bewegungen der Arme und Hände. Sein Modell gehorchte problemlos. Das war ein Spaß!

»Sag etwas, du dummer Esel!«, herrschte Hollo den Menschen nach einer Weile an. Nichts passierte. Hollo lachte, als er realisiert hatte, dass er es ja selbst war, der aus Adams Mund gesprochen hatte. Er bemerkte, wie sich beim Lachen die Bauchmuskeln bewegten. Außerdem kollerten aus dem Hals bestimmte Töne. Er konnte also auch die Luftzufuhr zu Adam 3 problemlos regeln; er war ein Genie!

Hollo hüpfte vor Freude und jauchzte. Die Menschenstimme begeisterte ihn, denn sie umspannte mehrere Oktaven.

Es war eine Lust zu leben!

Dann befühlte er sein Geschlecht. Im Bauchraum kribbelte es ein wenig. Er dachte daran, wie es sein musste, wenn er sich fortpflanzte und wenn er Adam 3 nur die feinsten und erlesensten Speisen zu essen gäbe. Wahrscheinlich erwarteten ihn die unglaublichsten Empfindungen.

Hollo beschloss, diese Erfahrungen auf einen späteren Zeitpunkt zu verschieben. Jetzt galt es nur festzustellen, ob Adam 3 einwandfrei funktionierte.

Zunächst musste er alle seine Erlebnisse und Beobachtungen schriftlich festhalten. Er würde innerhalb der Erfinderriege zum ersten Erfinder aufsteigen. Man würde ihn mit Preisen überschütten. Er hatte das Rätsel gelöst, wie man einen Menschen schuf. Man brauchte am Schluss lediglich eine Art belebendes Prinzip, das gehorchte und aus einem Körper nicht einfach wieder verschwinden konnte. Das war eine unglaubliche Errungenschaft, ein Durchbruch in der Forschung, wie es ihn noch nie gegeben hatte. Man würde ihn noch in tausend Jahren feiern.

Der Mensch konnte jetzt als intelligentes Arbeitstier eingesetzt zu werden. Er konnte Felder bestellen, Häuser bauen, Gegenstände herstellen, neue Sklaven zeugen und für alle möglichen Arten von Unterhaltung sorgen. Sein Gehirn und sein Intelligenzquotient verrieten, dass er sogar lernfähig war. Er konnte ihn möglicherweise sogar als Hilfsingenieur einsetzen. Er musste das alles sofort notieren.

Hollo versuchte, den Menschenkörper zu verlassen. Doch schon beim ersten Versuch prallte er gegen die elektronische Kugelhülle, die er selbst installiert hatte. Er lachte. Natürlich! Dann versuchte er es ein zweites Mal. Aber es war unmöglich, aus dem Menschenkörper zu entkommen. Bei allen Göttern, was passierte da? Langsam machte sich ein mulmiges Gefühl in seiner Magengegend breit.

Heilige Galaxis! Er dachte schon in menschlichen Kategorien. Magengegend! Was war mit der Formel? Seine mathematische

Formelwurst? Angst packte Hollo. Er hatte sie ja nicht schriftlich festgehalten. Sie befand sich nur in seinem Kopf. Doch dort lagen alle möglichen Zahlen und Buchstaben, wild durcheinandergewürfelt.

Kopf? Wieso dachte er in körperlichen Bezugspunkten? Er besaß keinen Kopf.

Die Formel, die Formel! Eilig versuchte er sie zu rekonstruieren. Es war unmöglich. Er hatte sie absichtlich so kompliziert gestaltet und mit so vielen Fallen versehen, dass die Chance, sie herauszubekommen, bei 1 zu 1,4 Billionen standen. Niemand konnte sich an sie erinnern oder sie neu erfinden; das hatte er ja persönlich sichergestellt.

Jetzt überfiel Hollo blanke Panik. Er fühlte, wie sich sein Menschenkörper schüttelte vor Angst; überall spürte er Feuchtigkeit, an den Händen und am Rücken, er schwitzte und fror gleichzeitig.

Überhastet versuchte er verschiedene Formeln einzusetzen, die ihm durchs Hirn schossen; keine funktionierte.

Hollo kreischte und schrie aus dem Mund von Adam 3. Er befand sich im furchtbarsten Gefängnis, das man sich vorstellen konnte. Er hatte sich selbst zu einem Menschen degradiert! Wie tief konnte man sinken! Er befand sich in einem Gefängnis, das er selbst geschaffen hatte und aus dem es kein Entrinnen gab.

Die verzweifelten Schreie echoten gellend in seinen Ohren.

2. Gabriel oder der Menschheitstraum

Er mühte sich redlich, bis er ins Schwitzen geriet. Gabriel stemmte Gewichte, die er eigentlich nicht stemmen durfte. Aber die elektronische Workout-Station dieses Raumschiffes erlaubte es, gelegentlich übers Ziel hinauszuschießen. Außen feucht auf der Haut, aber innerlich zufrieden, blickte er sich um. Dank der ausgefallensten elektronischen Geräte konnte mittlerweile sogar der winzigsten Muskel innerhalb eines Körpers punktgenau trainiert werden, und deren waren es genau 656. Für jeden Muskel gab es ein eigenes Gerät, das per Bildschirm genau anzeigte, was bei einer bestimmten Übung im Körper vor sich ging.

Gabriel gönnte sich eine kleine Pause. Interessiert betrachtete er seinen Körper in einem 3D-Holo-Spiegel. Er war verhältnismäßig klein. Sein Rumpf war von unten bis unter die Brust sehr schmal. Er strotzte zwar nur so vor festen Muskeln, doch in der unteren Körperhälfte trugen sie kaum zu seinem Gewicht bei. Es war quasi kein Gramm Fett eingelagert. Dadurch war sein Rumpf federleicht, manchmal erschien er ihm fast durchsichtig. Selbst die Beine waren schmal und beinahe luftig, wie er das manchmal in Ermangelung eines besseren Ausdrucks bezeichnete. Die Hüfte und der Bauch schienen fast nicht vorhanden zu sein, so schmal waren sie.

Aber in Höhe von Brust, Schultern und Armen dehnte sich sein Oberkörper mächtig aus. Er besaß kräftige Arme mit Muskeln, deren Adern dick hervortraten. Seine oberen Rückenmuskeln waren ebenfalls kräftig und hochentwickelt, desgleichen die oberen Brustmuskeln. Es war eine Wonne, einen Körper nach seinen eigenen Vorstellungen zu formen und nicht auf vorgegebene Schablonen angewiesen zu sein, die sich hinter dem Wort Vererbung versteckten. Es benötigte dazu eine strikte Diät, ein exaktes Trainingsprogramm und einen starken Willen.

Kurz dachte Gabriel an sein hohes Ziel. Dabei spielte er ein wenig mit seinen Schulter- und Brustmuskeln und begab sich dann langsam zum nächsten Gerät.

Zusammen mit anderen Bewerbern verfolgte er einen höchst ehrgeizigen Plan: Eine neue Körperrasse wurde gerade herangezüchtet, der es einst möglich sein würde zu fliegen, frei wie ein Vogel, mit riesigen Schwingen, die man, wenn er so weit war, an seinen kräftigen Armen befestigen konnte.

Die Fähigkeit zu fliegen hatte man sich von den Vögeln abgeschaut. Fast alle Vögel hatten einen schmalen, federleichten Rumpf, aber gewaltige Schwingen. Mithilfe starker Brust- und Rückenmuskeln konnten sie den Rumpf mühelos durch die Lüfte tragen. War ein Rumpf dagegen zu schwer, konnte sich eine Vogelart schon nach wenigen Generationen kaum mehr in die Luft erheben – ein Grund, warum gewisse Vogelarten degeneriert waren. Sie hatten sich überfressen. Sie hatten nicht darauf geachtet, ihre Rümpfe schmal und transportabel zu halten. Und infolgedessen war mittlerweile mehr als eine Vogelart an den Boden gefesselt und konnte der Anziehungskraft eines Planeten nichts mehr entgegensetzen.

Er jedoch war Teil eines ehrgeizigen, einzigartigen Experimentes, bei dem es darum ging, eine neue Menschenrasse zu erschaffen, die eines Tages würde fliegen können – mit dem eigenen Körper. Mittels härtester Auswahlverfahren war es im Vorfeld gelungen, vielversprechende junge Männer auszuwählen und sie für das Experiment zu begeistern.

Seine Bewerbung hatte man sofort akzeptiert.

Natürlich waren die Diäten und Ernährungsvorschriften hart, dazu kamen noch all die Nahrungsergänzungen und die täglichen Trainingsübungen. Aber der Einsatz machte sich bezahlt. Man hatte bereits die erstaunlichsten Exemplare hervorgebracht, mit mächtigen Brust-, Arm- und Schulterpartien, an denen man später die Schwingen befestigen würde; auch er gehörte dazu. Der Tag der Tage, da man ihm Flügel anschnallen würde, war nicht mehr fern.

Er gehörte zu der Riege, mit der man die ersten Tests fahren würde. Nichts war aufregender. Der älteste Traum der Menschheit, fliegen zu können, direkt und unmittelbar mit dem eigenen Körper, würde Wirklichkeit! Nichts – weder Flugzeug, Rakete oder genialer Kleinmotor auf dem Rücken oder unter den Füßen – konnte dieses Gefühl ersetzen, mit dem eigenen Körper zu fliegen. Gabriel fühlte, wie ihn die bloße Vorstellung emotional in höchste Höhen katapultierte. Seine Rückenmuskeln begannen zu zucken, als wüssten sie bereits, dass sie bald gebraucht würden, um mit den Flügeln zu schlagen.

Achtsam schaute sich Gabriel um. Die Workout-Station füllte sich langsam mit den unterschiedlichsten Gestalten und Body-Arten. Auf den 230 Planeten seines Heimatsystems gab es inzwischen Tausende verschiedene Körper, und niemandem fiel es ein, eine andere Person aufgrund ihres andersartigen Aussehens zu verspotten. Toleranz war oberstes Gebot. Doch sobald andere Körperformen direkt aufeinandertrafen, war es nie auszuschließen, dass man sich wechselseitig aufzog.

Ein Riese, viermal so groß wie der Durchschnitt, blickte auf Gabriel herunter, fast herablassend, fast mitleidig, bevor er sich in unmittelbarer Nähe einem Gerät für den Herzmuskel widmete.

Gabriel beachtete ihn nicht. Er trainierte jetzt an einem anderen Gerät und hing wieder seinen Gedanken nach. Das Ziel bestand nicht nur darin, fliegen zu können, sondern letztlich war geplant, eine Art Engel zu schaffen. Noch war das offiziell zwar vertraulich, doch jeder wusste darum: Der Herrscher seines Heimatsystems war an einer Guardian-Truppe interessiert, die einen Planeten und seine Bewohner höchst effektiv und auf ganz andere Weise beschützen sollte, als normale Söldner es konnten. Neben dem Umgang mit speziellen Laserwaffen sollte die eigene Flugfähigkeit Teil der besonderen Ausstattung sein. Die Engel-Truppe, so ihr Spitzname, wurde gerade aus dem Boden gestampft; und er war ein Teil dieser Elitetruppe.

Immer wieder erfüllte Gabriel der bloße Gedanke daran mit einem Hochgefühl, ja mit Stolz: Es ging darum, eine Art Guardian-Angel zu schaffen, eine noch nie dagewesene, neue Kampftruppe, eine Art Übermensch, eine neue Spezies, die eines Tages vielleicht die Machtverhältnisse verschieben würde. Die Konsequenzen waren den Wenigsten klar. Das wahre Ziel der Engel-

Truppe wurde streng gehütet; alle wussten nur, dass der erste Einsatz unmittelbar bevorstand.

Der Riese neben ihm hatte sich inzwischen umständlich an sein Gerät angeschlossen. Gabriel beäugte ihn von der Seite. Er war viermal so groß wie er selbst. Gleichzeitig besaß er einen wuchtigen Rumpf und Beine, die wie Baumstämme wirkten. Die gewaltigen Oberschenkel waren mit schweren Muskeln besetzt. Dieser Körper würde nie fliegen können.

»Hallo Thailog!«, rief dem Riesen in diesem Moment ein anderer Riese zu, der mit schwerem Schritt vorbeilatschte.

Aha, Thailog hieß das Ungetüm also.

In diesem Moment blickte Thailog ihn abschätzig von der Seite an und urteilte: »Du kannst so viel trainieren wie du willst, wachsen wirst du trotzdem nicht, du Zwerg!«

Gabriel dachte kurz nach. Längst war bekannt, dass brutale Stärke beziehungsweise Stärke allein, gerade wenn sie mit Größe kombiniert wurde, selten Schlachten gewann. Hinter dieser falschen Annahme stand die Theorie, dass je größer, wuchtiger und klobiger ein Körper war, er umso unbesiegbarer war. Die Militärgeschichte zahlreicher Sonnensysteme hatte jedoch bewiesen, dass Intelligenz, gepaart mit Schnelligkeit, brutaler Stärke schon immer überlegen war. Thailog, der Riese, würde eines Tages sein blaues Wunder erleben.

Gabriel konnte nicht widerstehen. Er entgegnete knapp: »Größe ist nicht alles. Außerdem schrumpft normalerweise mit zunehmender Größe eines Körpers das Gehirn.«

Thailog zuckte zusammen. Dann gab er zurück: »Umgekehrt wird ein Schuh daraus. Dein Kopf ist so winzig, dass man darin kaum eine Menge Gehirnschmalz unterbringen kann.«

»An deiner Stelle würde ich es nicht darauf ankommen lassen.«

Thailog hielt mitten in seinen Bewegungen inne. »Wir können uns ja morgen in der Arena messen. Dann kann ich dir deinen kleinen Hintern versohlen!«

»Du hast jetzt schon verloren«, erwiderte Gabriel. Langsam löste er sich von seinem Gerät und sagte: »Warum gehen wir nicht gleich?«

Thailog musterte Gabriel überrascht. »Du meinst jetzt, sofort?« »Hast du auch etwas an den Ohren, nicht nur am Gehirn?« »Du kannst es nicht abwarten, dass ich dir die Knochen breche? Gut, dann komm schon, Engelchen!«

Ohne dass beide es bemerkten, hatte ihre Auseinandersetzung die Aufmerksamkeit der Workout-Teilnehmer erregt.

Die Arena grenzte direkt an die Workout-Station. Es handelte sich um einen runden Kampfplatz mit Außenbarrieren und einer Kuppel, der mit verschiedenen Elektrozäunen umspannt war, sodass sich kein Kämpfer davonstehlen konnte. In den Unebenheiten des Bodens verbargen sich verschiedene Fallen. Zusätzlich konnten von oben, von der Kuppel, gefährliche Waffen oder Gegenstände herabfallen. Insgesamt besaß die Arena über dreiunddreißig verschiedene Kampfprogramme. Jeder Kampf wurde von einem unparteiischen Computer-Robotergehirn geregelt, das absolut neutral war. Um den Kampfplatz herum gab es Hunderte von Sitzplätzen. Normalerweise wurde die Arena dazu benutzt, die Mannschaften innerhalb des Raumschiffes auf langen Flügen zu unterhalten und für etwas Abwechslung zu sorgen. Doch grundsätzlich war es erlaubt, sich auf eigenen Wunsch mit einem Gegner zu messen.

Gabriel und Thailog betraten gleichzeitig die Arena. Gabriel stellte den Roboter-Computer auf »Zufall« ein, sodass beide nicht wussten, was in der Arena passieren würde.

Inzwischen drängten erst zwanzig, dann dreißig Riesen in die Arena und ebenso viele Engel oder künftige Engel. Zudem strömten zahlreiche neutrale Zuschauer hinein. Zum Erstaunen der beiden Kämpfer war bald die ganze Arena gefüllt. Es stand weit mehr auf dem Spiel als nur ein Kampf zwischen ihnen beiden, vielmehr trat die Engelwelt gegen die Riesen an.

Mit einem Mal realisierte Gabriel mit einem unguten Gefühl, dass er noch gar kein Engel war; trotzdem würde er sein Bestes geben.

Sorgfältig verschloss ein Riese die vergitterte Tür der Arena, während er Gabriel gleichzeitig höhnisch angrinste.

Augenblicke später ertönte ein Gong, ausgelöst von dem Roboter-Computer, der das Duell regulierte; der Kampf begann.

Beide Kontrahenten standen in der Mitte der Arena und musterten sich abschätzig. Dann stürmten sie unvermittelt aufeinander zu. Es war ein ungleiches Unterfangen. Der Riese versuchte Gabriel einfach zu überrennen, gleich einem schwergepanzerten Ritter auf einem Pferd, das einen Fußsoldaten ohne Weiteres niederreiten konnte.

Im letzten Augenblick sprang Gabriel zur Seite. Geschickt schlüpfte er zwischen den Beinen des Riesen hindurch. Dann versetzte er Thailog hinterrücks einen kräftigen Faustschlag gegen die rechte Kniekehle, sodass das Bein seines Widersachers einknickte.

Die Lacher im Publikum waren auf seiner Seite. Ein paar Zuschauer applaudierten. Einige Engel feuerten ihn an: »Zeig es dem Riesenbaby!«, hörte er mit halbem Ohr. Doch er durfte sich nicht von den Zuschauern ablenken lassen.

Sie gingen wieder zurück in die Ausgangsstellung.

Diesmal presste Thailog die Beine eng zusammen, um eine erneute Blamage von vornherein auszuschließen. Der Riese hob seine gewaltige Faust. »Ich ramme dich ungespitzt in den Boden, Engelchen«, prahlte er.

Doch Gabriel war zu schnell. Urplötzlich sprang er hoch, was ihm sein Fliegengewicht gestattete. Dann hämmerte er zweimal auf die Stelle zwischen den Beinen des Riesen ein, an der sich normalerweise der empfindsamste Teil eines Mannes befand. Unwillkürlich brüllte der Riese vor Schmerz auf und öffnete die Beine. Gabriel griff augenblicklich nach dem Stofffetzen, mit dem sich Thailog dort bedeckte. Er hielt sich daran fest, schwang einige

Male wie an einem Reck hin und her und flog erneut zwischen den Beinen des Riesen hindurch.

Die Engel auf den Rängen klatschten frenetisch Beifall. Einige sprangen von den Sitzen auf. Andere feuerten ihn an: »Gab-ri-el! Gab-ri-el!« Die meisten Zuschauer lachten und klopften sich ausgelassen auf die Schenkel. Wütend drehte sich Thailog um.

Mit einem Mal tat sich unter beiden der Boden auf. Der Computer-Roboter hatte die Fallen ausgelöst, und Gabriel stürzte in ein Loch, das zweimal so tief war wie er selbst. Thailog hingegen steckte lediglich bis zum Bauchnabel darin. Mit seinen mächtigen Armen wuchtete er sich rasch aus der Grube.

Gabriel wusste einen Moment lang nicht, wie er herauskommen sollte. Er versuchte die Wände hochzukommen, rutschte allerdings ab und fiel wieder zurück in die Grube. Die anfeuernden Rufe der Engel erstarben; nun bangten sie um ihren Gefährten. Einige hielten den Atem an. Immer wieder versuchte Gabriel vergebens aus der Grube zu entkommen.

Auf einmal stand Thailog breitbeinig über ihm und blickte überlegen von weit oben auf ihn herab. »Gefangen wie eine Maus in der Mausefalle, Engelchen«, spottete er.

Die Menge, besonders die Riesen, begann zu grölen, als Thailog sein empfindsamstes Teil, auf das Gabriel eingedroschen hatte, herausholte und Anstalten machte, seine Blase auf Gabriel zu entleeren.

»Ich werde dich ersäufen wie eine Ratte«, versprach der Riese.

Die Riesen auf den Sitzplätzen lachten laut. Einige Zuschauer gerieten außer Rand und Band. So etwas wurde ihnen nicht alle Tage geboten.

»Regelverletzung!«, empörten sich verschiedene Engel lautstark.

Alle wussten, dass sie recht hatten.

»Was du vorhast, widerspricht den Regeln«, wandte jetzt auch Gabriel ein.

»So, so, auf einmal berufst du dich auf die Regeln«, höhnte Thailog. »Auch gut! Dann werde ich dich einfach zertreten. Wie eine Laus.«

Der Riese hob einen seiner gewaltigen Plattfüße, um Gabriel direkt auf den Kopf zu treten. Doch der Anschlag misslang. Als Thailog zutrat, war Gabriel längst in eine Ecke gehuscht, Blitzschnell klammerte er sich an der Wade des Ungeheuers fest und biss hinein. Jaulend vor Schmerz zog der Riese sein Bein schnell aus der Grube. Ohne es zu wollen, zog er damit auch Gabriel aus dem Loch.

Dieser ließ das Bein sofort los, kaum dass er sich wieder auf dem Boden der Arena befand. Die Engel klatschten und jubelten. So angefeuert, sprang Gabriel abermals in die Höhe und schmetterte seine Faust mit voller Wucht gegen den Oberschenkel des Riesen.

Doch Thailog hatte sich inzwischen gefangen. Vielleicht war es Zufall, dass er sich so rasch umwenden konnte, vielleicht Wut und Zorn. Jedenfalls wurde Gabriel noch in der Luft von einem Hieb des Riesen erwischt, der ihn damit nur abschütteln wollte. Der Hieb traf ihn zwischen dem schmalen Unterleib und den halb durchsichtigen Beinen – seiner schwächsten Stelle. Nachdem er so hoch gesprungen war, landete er nun wieder auf dem Boden, doch der Hieb hatte seine Beine nahezu gelähmt. Er hatte Mühe aufzustehen. Seine Reaktionszeit verlängerte sich schier ins Unendliche, wie es ihm vorkam. Noch bevor er wieder ganz aufrecht stehen konnte, schlug der Riese erneut zu. Diesmal stürzte Gabriel endgültig zu Boden.

Die Riesen sprangen aus ihren Sitzen und brüllten vor Begeisterung.

Als Thailog wieder zuschlagen wollte, hob Gabriel die Hand und winkte dreimal. Jeder wusste, was diese Geste bedeutete. Er war besiegt, er gab sich geschlagen.

Zwei Wochen brauchte Gabriel, um sich von dieser Niederlage zu erholen. Physisch war er schon nach zwei Tagen wieder fit, die mentale Seite schmerzte stärker. Selbst seine Kameraden, die anderen Engel-Anwärter, mieden ihn eine Weile oder versuchten ihn zu trösten, was schlimmer war, als wenn sie ihn beschimpft hätten. Schließlich aber widmete er sich wieder seinem Training. Er wartete auf den großen Tag. Und der kam schneller als gedacht.

Schon nach zwei Monaten durfte er sich der entscheidenden Operation unterziehen, in der man ihm die Schwingen an seine Nerven, Sehnen und Muskeln anschloss. Das Flügelpaar bestand aus weiß-grauen Schwingen und einigen wundersam blinkenden, meerbläulichen Federn.

Nun begann eine andere, neue Trainingsperiode. Es galt, mit den Schwingen eins zu werden, förmlich mit ihnen zu verwachsen. Er musste sie – ganz nach Belieben – zusammenfalten und auseinanderbreiten können. Über sein Gehirn musste er an seinen umfunktionierten Körper Befehle weitergeben, die im Bruchteil einer Sekunde von den Schwingen ausgeführt werden sollten. Er musste so weit kommen, das Flügelpaar als einen normalen Teil seines eigenen Körpers zu betrachten.

Einige seiner Engel-Kameraden hatten ebenfalls schon Schwingen. Die Periode nach der Operation war für alle schmerzhaft, doch im Laufe der Zeit gewöhnte man sich an das Flügelpaar und an das damit verbundene neue Körpergefühl. Die Arme und der Oberkörper waren bei allen muskelbepackt und hochtrainiert. Erteilte man den Befehl, die Schwingen wieder einzufahren, legten sie sich gehorsam hinten auf dem Rücken zusammen, die Flügelteile schoben sich ineinander, verkürzten sich automatisch und ruhten dann.

Erst nach einiger Zeit fanden die ersten Flugübungen statt. Alle stellten sich zunächst recht tollpatschig an. Doch Gabriel wurde schon bald immer kühner. Anfangs ließen ihn die Fluglehrer nur von kleinen Hügeln aus fliegen, man mutete ihm keine luftigen Kapriolen zu. Doch sobald er eine Stufe gemeistert hatte, stand schon der nächste Schwierigkeitsgrad auf dem Programm.

In einem eigenen Raum wurden schließlich verschiedene Windarten simuliert. Gabriel lernte, zwischen Brisen, Stürmen und Orkanen zu unterscheiden, zwischen Windhosen, Hurrikanen, widrigen Gegenwinden und Luftbewegungen, die man für den eigenen Flug nutzen konnte. Es gab Winde ohne Krümmungen, Winde in Bodennähe, die sich anders verhielten als Winde in großen Höhen, Winde mit starken und schwachen Zentrifugalkräften, geringe und hohe Windgeschwindigkeiten, kleine lokale Winde und Winde, die einen breiten Raum einnehmen konnten. Im theoretischen Unterricht wurde ihnen auch vermittelt, dass auf verschiedenen Planeten unterschiedliche Winde herrschten. Auf einem Planeten namens Venus gab es beispielsweise am Boden nur geringe Windgeschwindigkeiten, einige wiesen seltsamerweise fächerförmige Strukturen auf. Spezielle Windfahnen gingen von Kratern und Vulkanen aus.

Gabriel lernte, wie ein Vogel zu denken und sich Winde zunutze zu machen. Er übte alle möglichen Bewegungen, den Sturzflug, die überraschende Landung, wobei die Geschwindigkeit erst im allerletzten Moment abgebremst wurde, den plötzlichen Start, das unerwartete seitliche Wegkippen und viele andere Kunststückchen.

Es war eine Lust zu leben! Das Glücksgefühl, das mit einem Flug einherging, war kaum zu beschreiben.

Nach erstaunlich kurzer Zeit war er topfit. Als Klassenbester schloss Gabriel ab, er war der erste neugeschaffene Engel.

Als er der Meinung war, nichts mehr oder kaum mehr etwas Neues lernen zu können, begab er sich postwendend zu Thailog und schrie: »Riesenbaby, ich fordere Revanche in der Arena! Falls du den Mumm dazu hast.«

Thailog blickte ihn von oben herab an. »Hast du nicht genug vom ersten Mal, du Zwerg? Willst du, dass ich dir noch einmal den Hintern versohle? Wann, Engelchen?«

»Jetzt!«, antwortete Gabriel. »Jetzt sofort.«

Zum zweiten Mal standen sich die beiden in der Arena gegenüber. Und wieder waren alle Ränge voll besetzt. Ja, es hatten sich sogar noch mehr Zuschauer eingefunden. Das kam nicht nur daher, dass der alte Streit zwischen Riesen und Engeln wieder ausgebrochen war, sondern vor allem daher, dass sich erstmals ein echter Engel in die Arena wagte. Zuvor hatte es sich bei Gabriel bestenfalls um einen Möchtegern-Engel gehandelt. Jetzt war er tatsächlich ein Flügelwesen und würde mit ganz anderen Finten kämpfen als vorher.

»Du bist immer noch ein Zwerg«, kommentierte Thailog und musterte ihn abschätzig. Dann setzte er hinzu: »Und du wirst immer nur ein Zwerg bleiben.«

Ohne eine Entgegnung abzuwarten, schlug er unversehens noch vor dem Gongschlag zu.

Gabriel hatte die Tücke nicht vorausgesehen. Der Schlag erwischte ihn an der rechten Schulter, die sofort barbarisch zu schmerzen begann. Zu langsam und zu spät war er zur Seite gesprungen. Hoffentlich war der rechte Flügel nicht beschädigt.

Die Faust des Riesen schlug noch einmal zu. Diesmal streifte sie lediglich sein Federkleid, denn jetzt war Gabriel vorgewarnt. Dennoch lösten sich ein paar weiß-gräuliche Federn.

Einige Zuschauer schimpften und spektakelten.

Dann ertönte endlich der Gong des Roboter-Computers. Seine Aktionen würden erneut für Zufallsbewegungen und Spannung sorgen.

Höhnisch fixierte ihn der Riese und fragte: »Hast du schon die Hosen voll, Engelchen?« Drohend kam er näher.

Diesmal hatte sich Thailog eine andere Taktik zurechtgelegt. Gabriel las es ihm von der Stirn ab. Und richtig! Auf einmal boxte Thailog mit seinen gewaltigen Fäusten ununterbrochen in seine Richtung, so dass er gezwungen war, ständig behänd zur Seite zu springen. Er musste einen regelrechten Tanz aufführen. Es erforderte ein Ausweichmanöver nach dem anderen, was ihm Buhrufe seitens der Riesen eintrug. Thailog ließ nicht nach. Gabriel beschloss, dem unwürdigen Spiel ein Ende zu machen. Unangekündigt erhob er sich in die Luft.

Von den Zuschauerbänken ertönten erstaunte Ah- und Oh-Rufe. Selbst Thailog glotzte dumm.

Gabriel schlug ein paarmal hart mit den Schwingen. Der rechte Flügel funktionierte einwandfrei, selbst wenn die Schulter noch immer schmerzte. Unversehens befand er sich über dem Riesen und fixierte ihn von oben. Dann fuhr er wie ein Blitz herab. Abrupt stoppte er seinen Sturzflug vor dem Haupt des Riesen, der nur irritiert blinzelte und zu ihm hoch starrte. Gabriel versetzte ihm mit den Beinen gleichzeitig einen Schlag auf beide Ohren. Das brachte Thailogs Gleichgewichtssinn durcheinander, und er begann zu taumeln. Wahllos schlug er mit den Fäusten nach Gabriel. Der hatte sich jedoch sofort wieder in die Lüfte erhoben und war damit unerreichbar für den Riesen.

»Komm herunter, du Feigling!«, schrie ihm Thailog wutentbrannt zu.

Gabriel aber umkreiste den Riesen in immer enger werdenden Windungen, wie ein Raubvogel, der bereit ist, auf seine Beute herabzustoßen.

»Komm doch zu mir herauf, Riesenbaby!«, schleuderte ihm Gabriel als Antwort entgegen. Wollte Thailog ihn im Auge behalten, musste er sich andauernd drehen. Das würde sein Schwindelgefühl verstärken. Schließlich landete Gabriel in einiger Entfernung auf dem Boden. Seine Flügel falteten sich ordentlich hinter seinem Rücken zusammen.

Thailog stürzte sofort auf ihn zu. Gabriel wartete bis zum letzten Moment. Dann duckte er sich unter einem Faustschlag hinweg. Augenblicke später befand er sich im Rücken des Monsters. Er erhob sich mit seinen Flügeln über den Boden und trat dann mit beiden Beinen von hinten in die Nieren des Riesen. Und erhob er sich blitzschnell wieder in die Lüfte.

Thailog ächzte. Allen Zuschauern war klar, dass Gabriel durch seine Wendigkeit und seine Flugfähigkeit seinem Gegner überlegen war.

Gelassen landete der Engel wieder in sicherer Entfernung.

In diesem Moment griff der Roboter-Computer ein. Unter Gabriel öffnete sich der Boden – und wieder stürzte er in eine Grube.

Er sah nur noch, dass Thailog das gleiche Schicksal erlitt. Doch er wusste auch, dass der Riese mit einem einzigen Satz wieder aus der Grube kommen konnte.

Gabriel sah sich abermals Wänden gegenüber, die ihm keinen Halt boten. Doch jetzt hatte er ja Flügel. Rasch faltete er sie auseinander. Mit der linken Schwinge hatte er kein Problem, aber der rechte Flügel stieß an die Wand; die Grube war zu eng, er konnte die Schwinge nicht entfalten. Gabriel bemühte sich, die Nerven zu behalten. Hörte er schon die Schritte des Riesen über sich? Er bewegte den linken Flügel und merkte zu seiner Erleichterung, dass er allein ausreichte, um ihn bis an den Rand der Grube zu bringen. Mithilfe seines kräftigen Oberkörpers schwang er sich ganz aus der Falle. Er atmete schwer.

Doch ihm blieb keine Zeit. Schon sah er die Plattfüße des Riesen auf sich zustampfen. Wieder testete er den rechten Flügel. Diesmal funktionierte er einwandfrei. Während Thailog zu einem fürchterlichen Schlag auf ihn ausholte, sprang Gabriel blitzschnell zur Seite. Dann breitete er die Schwingen aus und erhob sich in die Höhe. Im Vorbeifliegen versetzte er dem Riesen mitten ins Gesicht einen Schlag mit der linken Schwinge. Der wirkte wie eine kräftige Ohrfeige und warf Thailog beinahe um. Wutentbrannt wedelte dieser mit den Armen und Fäusten in der Luft herum, um Gabriel doch noch zu erwischen. Doch vergebens. Gabriel segelte davon, hoch in die Lüfte.

Thailog war eindeutig angeschlagen. Er ballte seine Fäuste und schleuderte seinem Gegner deftige Beleidigungen hinterher, die

Gabriel in seiner luftigen Position jedoch nicht verstand. Oder war Thailogs Sprachzentrum bereits gestört? Gabriel entschied sich für einen direkten Angriff. Zunächst flog er bis zum höchsten Punkt der Kuppel. Dort richtete er seinen Fokus auf den Riesen. Dann stürzte er in einem rasanten Angriffsflug herab. Aufgrund der gewaltigen Schwingen musste schon dieser Anflug jedem Gegner Angst einjagen. Thailog jedoch stellte sich ihm breitbeinig entgegen. Kurz vor dem Zusammenprall änderte Gabriel die Flugrichtung erst nach links und dann blitzschnell wieder nach rechts. Dabei versetzte er dem Riesen erneut einen Tritt. Wieder traf er ein Ohr. Thailog brüllte wie ein angestochener Eber und taumelte.

Gabriel umrundete ihn mehrmals in Höchstgeschwindigkeit, sodass sein Gegner nicht mehr wusste, wo ihm der Kopf stand. Wieder und wieder versetzte der Engel ihm Tritte – und stets gegen die Ohren. Die Bewegungen des Riesen wurden immer unkoordinierter. Er schlug nur noch wild um sich, als würde er sich gegen einen Bienenschwarm verteidigen.

Gabriel ließ nicht nach in seinen Angriffen. Schließlich versuchte Thailog seine Ohren zu schützen, indem er sie sich mit beiden Händen zuhielt.

Gabriel entschloss sich zu einem waghalsigen Manöver. Er flog Thailog erneut von vorn an und rammte ihm dann ein Knie ins rechte Auge. Blitzschnell schoss er danach nach oben.

»Computer, Computer!«, verlangten einige Riesen auf den Bänken.

Gabriel wusste, was das bedeutete. Mit einem Mal erhoben sich starke Winde innerhalb der Arena, die sich durch verschiedene Stärken und Richtungen unterschieden. Das irritierte zwar den Riesen, da er sich plötzlich von verschiedenen kleinen Windteufeln umtanzt sah. Doch Gabriel hatte jede Art von Wind längst ausgetestet. Geschickt wich er allen gefährlichen Gegenwinden aus und nutzte die Aufwinde dazu, um mit ihrer Kraft wieder ganz hoch zur Kuppel aufzusteigen, ohne mit den Flügeln schlagen zu müssen. Der Wind war der Freund eines Engels. Thailog dagegen bewegte sich immer konfuser. Gabriel wusste, dass nun der Zeitpunkt gekommen war, um seinem Gegner den endgültigen Stoß zu versetzen. Er stürzte in einer spiralförmigen Bewegung direkt auf seinen Widersacher herab und knallte mit seinem Knie ein letztes Mal in Thailogs Ohr, so heftig wie nie zuvor. Wie von einer Axt gefällt ging der Riese zu Boden. Er blutete aus beiden Ohren und aus der Nase. Apathisch bewegte er dreimal die Hand, als Zeichen, dass er besiegt worden war.

Die Engel auf den Sitzbänken sprangen auf und jubelten. Den Riesen war deutlich gezeigt worden, dass eine neue Zeit angebrochen war. Einige Engel überlegten, in die Arena stürzen, um Gabriel auf ihre Schultern zu heben. In diesem Moment ertönte aus den Lautsprechern die Stimme des Raumschiff-Kommandanten. Alle erstarrten; es musste von höchster Bedeutung sein, wenn der erste Mann des Schiffes sie in der Arena ansprach.

»Ich beglückwünsche die Engel zu ihrem Sieg!«, gratulierte der Kommandant die Mannschaftsmitglieder. Dann informierte er: »Wir nähern uns unserem Zielplaneten. Damit nimmt unsere Mission ihren Anfang.«

Riesen und Engel und alle Zuschauer konnten es kaum fassen. Monatelang hatten sie auf diesen Moment gewartet. Jedes Mannschaftsmitglied wusste, dass jetzt das Geheimnis um das Ziel ihrer Mission gelüftet würde. Was sähe ihre Aufgabe aus? Und wo würden sie landen?

Die Stimme des Kommandanten fuhr fort: »Unser Zielplanet ist die Erde. Dort werden wir eine neue Religion etablieren, also ein Gedankengebäude, das es den Ureinwohnern anempfiehlt, sich den Anweisungen eines Gottes oder der Götter unterzuordnen.«

Alle staunten, einige mit offenem Mund. Diese Wendung hatte niemand erwartet.

Wieder erklang die Stimme des Kommandanten: »Die Engel werden die Vertreter Gottes spielen. Mit ihren Flugkünsten und Laserschwertern, die ihnen noch heute ausgehändigt werden, können wir die technische Überlegenheit unserer Zivilisation demonstrieren. Engel, ihr seid ab heute Götterboten. Die Riesen werden sich die Erde untertan machen. Die Engel werden die Lüfte und den Himmel beherrschen.«

Die Überraschung der Mannschaft hätte nicht größer sein können. Deshalb also das ganze Training, deshalb die unterschiedlichen Körper!

Die Stimme ertönte ein letztes Mal: »Weitere Instruktionen werden zu gegebener Zeit folgen. Alle bereit machen zur Landung. Die Invasion der Erde beginnt ...«

3. Die verschwiegene Eskapade des Zeus

Der große griechische Dichter Hesiod überlegt. Es gibt eine bislang noch nie belegte Eskapade von Zeus. Kein Sänger-Poet in Begleitung von Flöten- und Harfenklängen hat sie je erzählt, kein geheimnisvoll raunender Fabulant je davon berichtet. Sie ist bislang unbekannt. Er allein kennt sie, weiß aber nicht, ob er sie berichten soll.

Vielleicht könnte er sich Zeus dadurch zum Feind machen? Das wäre mehr als dumm! Auf der anderen Seite ist diese Geschichte zu schön, als dass man sie vergessen sollte. Hera, die Gemahlin des Göttervaters, würde ihn vielleicht fürs Niederschreiben hoch belohnen.

Hesiod streicht sich nachdenklich über den Bart. Seine Gedanken schweifen ab. Jeder weiß, dass Zeus ein Schwerenöter und ein Frauenheld ist, ein Verführer und ein Liebling des weiblichen Geschlechts. Er ist nicht nur der allgewaltige Blitzeschleuderer, sondern auch ein Hallodri durch und durch.

Jeder weiß zudem, dass Zeus, der Verführer, bei seinen amourösen Unternehmungen nach Belieben seine Gestalt wechseln kann. Er kann sich in ein Tier, einen Menschen oder in ein Ding verwandeln. Er kann als Satyr auftreten, als Mann oder Frau, als Gatte, als Goldregen, oder er kann in Flammengestalt erscheinen. Zeus ist ein Verwandlungskünstler. Und er nutzt sein Talent immer wieder, um bildschöne Frauen zu verführen. Machte er nur darauf aufmerksam, so würde ihm Zeus ohne Frage verzeihen.

Hesiod gedenkt der alten Zeiten und der bekannten Geschichten. Einst verführte der Göttervater die wunderschöne Alkmene, eine hochgewachsene, wohlproportionierte, kluge Dame von Stand. Alkmene war einem Mann namens Amphitryon versprochen worden. Doch als dieser Prinz einmal nicht in ihrer Nähe weilte, trat der lüsterne Zeus auf den Plan. Er näherte sich Alkmene in Gestalt ihres künftigen Gatten, in der Person des Amphitryon. Der falsche Amphitryon (= in Wahrheit Zeus) verbrachte mit Alkmene eine unvergleichlich heiße Liebesnacht. Die kluge Schöne verwöhnte den Göttervater so im Bett, dass Zeus sogar noch auf die Sonne Einfluss nahm, sodass sie einen Tag lang nicht aufging – nur um mit Alkmene drei Nächte im Bett verbringen zu können.

Zugleich schwängerte Zeus die schöne Alkmene. Später gebar sie den starken, unbesiegbaren Herakles. Hera, die stets eifersüchtige Göttergattin des Zeus, versuchte, Herakles zu töten, indem sie ihm zwei Schlangen schickte. Doch obwohl nur ein paar Monate alt, erwürgte Herakles die beiden Schlangen mit den bloßen Händen ...

Die Verführungskünste des Göttervaters

Hesiods Gedanken wandern weiter. Zeus gab sich in der Vergangenheit beileibe nicht mit der Verführung einer schönen Frau zufrieden. Und er ließ sich bei seinen Eskapaden viel einfallen. Als der König einer südgriechischen Stadt beispielsweise seine hübsche Tochter Danaé in ein Verlies einsperrte, das durch bronzene, schwere Türen gesichert war und von wilden Hunden bewacht wurde, gelangte Zeus durch das Dach des Gefängnisses zu ihr, indem er sich in goldene Regentropfen verwandelte. In der Folge rieselte der Goldregen auf die schöne Danaé herab ... danach wandelte Zeus sich abermals und gönnte sich auch dieses Vergnügen.

Und so wissen zahlreiche Geschichten vom raffinierten Verführer Zeus. Wenn er das ausplauderte, vergab ihm der Göttervater bestimmt. Doch eine ganz besondere Eskapade von Zeus hatte man bislang immer verschwiegen ...

Hesiod überlegt hin und her. Schließlich entscheidet er sich. Ja, er muss die Geschichte der Nachwelt überliefern. Auch die Ereignisse rund um Zeus und die wunderschöne Penelope, die nur er kennt, dürfen nicht unter den Tisch gekehrt werden. Er wird über sie berichten. Wie von selbst bewegt sich sein Schreibgriffel.

Die Verführung

Zeus plagt die Lust. Da er gelegentlich in einem Menschenleib spazieren geht, kann er menschliche Gefühle inzwischen bestens nachvollziehen. Es ist angenehm und kitzlig, sich ab und zu dieser Lust zu überlassen.

Das weiß auch seine Gattin Hera, die zwanghaft eifersüchtig ist. Wann immer möglich verfolgt Hera den Göttervater auf Schritt und Tritt. Erst vor kurzem hintertrieb sie eine perfekte Verführung. Wieder war Zeus als Ehemann getarnt – was bestimmte Rechte mit sich brachte. Doch Hera machte ihm im letzten Moment einen Strich durch die Rechnung. Das würde ihm heute nicht passieren.

Ziel seiner Wünsche ist die schöne Penelope, die Tochter eines Hirten, auf die er schon seit einiger Zeit ein Auge geworfen hat. Heute wird er sie so gekonnt verführen, wie es nur ein Gott vermag.

Noch hat Zeus keine passende Verkleidung gewählt. Soll er als Löwe erscheinen oder als Sonnenschein? Zeus lugt durch Dachritzen auf das Lager der schönen Penelope. Sie schläft und sieht berückend aus. Eine Brust liegt halb frei. Das verstärkt seine Begierde. Ein wohlgeformtes Bein lugt unter einem Schafsfell hervor. Nicht einmal Alkmene hatte schöneren Beine.

Hoffentlich wird Hera nicht wieder versuchen, ihm in die Parade zu fahren. Warum muss sie nur immer derart eifersüchtig sein?

Zeus konzentriert sich wieder auf das Objekt seiner Begierde – auf die wunderbare, die betörende, die elysische Penelope. Vielleicht träumt sie von einem gut gebauten, perfekt proportionierten Athleten? Ja, er sollte einfach als ein athletischer Jüngling auftreten, mit gelocktem Haar und so perfekten Gliedmaßen, wie sie kein Bildhauer meißeln kann.

Zunächst sendet ihr Zeus einen Traum, in dem genau solch ein Jüngling vorkommt. Er sendet ihr den Gedanken, dass dieser Jüngling sie verehrt und liebt, und sie ihm ebenfalls wohlgesonnen ist. Aber dieser Jüngling, so suggeriert er, kann, ja, er darf sie nicht ehelichen, weil er aus einem Königsgeschlecht stammt. Eine verbotene Verbindung heizt Begehrlichkeiten immer besonders an!

Voller Freuden bemerkt Zeus, wie sich Penelope unruhig im Schlaf hin und her wälzt. Der Göttervater auf seinem Dach lächelt. Schnell legt er nach. Er sendet ihr ein paar Bilder von zärtlichen Küssen, die sie mit dem Jüngling austauscht. Zufrieden sieht er zu, wie Penelope daraufhin im Schlaf die Lippen spitzt. Sie hat einen schön geformten Mund. Ihre Lippen sind voll, ganz wie er es liebt. Er kann sich vorstellen, welchen Genuss sie ihm damit bereiten kann.

Rasch schickt er ihr weitere Bilder: Der Jüngling küsst Penelope zärtlich auf die Schulter und zieht mit seinen empfindsamen Fingerkuppen sanft die Linien ihres Schwanenhalses nach. Neugierig äugt Zeus durch den Dachspalt nach unten. Hört er da etwas? Atmet Penelope gerade heftiger? Die Bilder, die er ihr gesendet hat, suchen sie jedenfalls gerade heim. Jetzt wälzt sie sich unruhig von einer Seite auf die andere. Dabei wird die zweite Brust halb freigelegt. Zeus kann die Augen nicht von diesen Hügeln abwenden. Penelope trägt ein halb durchsichtiges Gewand, das ihre Formen nicht nur abbildet, sondern dem Auge teilweise freigibt.

Der Jüngling, der Jüngling! Zeus muss Penelopes Traum weiter ausarbeiten.

Er lässt sich als sanfter Windhauch hinab in ihr Gemach. Dann umstreicht er sie mit diesem Lüftchen wie ein brünstiger Kater. Sanft fährt er über ihren Körper, wie eine angenehm warme, zärtliche Brise. Mit seinem Windmund bläst er Penelope ganz sacht erst über die Beine, dann über die Brüste und schließlich über die Brustspitzen, die sich daraufhin aufrichten. Penelope stöhnt. Zeus' Hauch war kaum spürbar, hat aber offenbar eine enorme Wirkung.

Verzückt betrachtet Zeus einen Moment lang ihr Gesicht. Es ist wirklich von einzigartiger Schönheit – diese hohen Wangenknochen, die reine, weiße Haut und die ebenmäßigen Züge. Wann wird sie die Augen aufschlagen? Längst weiß er, dass sie so blau sind wie das Meer. Ihre Nase ist vornehm schmal, jede Kleinigkeit an diesem Körper ist perfekt proportioniert. Nur die Brüste sind etwas größer als der Durchschnitt, gerade so, wie er es mag.

Leicht bläst Zeus ein Stück des Schaffells zur Seite. Was er sieht, erregt ihn noch mehr. Die Taille ist schmal, das Becken dabei fraulich gerundet. Alles lädt dazu ein, sie zu besitzen.

Zeus verstärkt den lauen Wind. Wieder berührt er dabei Penelope an den Brustspitzen. Oh, wie gern würde er die Knospen in einen Menschenmund nehmen! Aber noch muss er sich beherrschen.

Kann er als Wind auch ihre Körperöffnungen erforschen? Kann ein Wind einen Menschenmund küssen?

Penelope stöhnt schon wieder. Ihr Mund öffnet sich leicht. Ihre blütenweißen Zähne werden sichtbar, sie wirken wie an einer Schnur aufgereihte Perlen. Aber am schönsten ist ihre Augenpartie.

Erneut schickt Zeus ihr die Bilder des Jünglings, diesmal intensiver. Er wird, er muss sich in diesen gutaussehenden Jüngling verwandeln, der so perfekt aussieht, wie ihn kein Bildhauer besser meißeln kann. Ja, er wird ihm gelocktes Haar geben und einen unwiderstehlichen Mund. Soll er ihn nackt in den Raum treten lassen? Warum nicht?

Jetzt wälzt sich Penelope unruhig zur Seite. Dadurch kann er ihre schönen Brüste noch besser betrachten. Wie soll er sie beglücken? Wie ein Bock von hinten? Keinesfalls. Einer so schönen Frau muss man ins Gesicht sehen, wenn man sie verführt. Alles andere wäre vergeudet.

Diesmal streichelt er sie als ein noch stärkerer Wind, den er langsam in einen heißen Atem übergehen lässt. Er streicht ihr erst über die Unterschenkel, dann über die Oberschenkel. Unwillkürlich bewegt sie ihre Beine. Ist Penelope empfangsbereit?

Zu seiner Überraschung schlägt sie plötzlich die Augen auf. Sie sind meerblau wie die Ägäis, genau wie er sie in Erinnerung hat.

»Ich liebe dich!«, flüstert er ihr ins Ohr.

Himmel, er hat ganz vergessen, dass er noch keinen menschlichen Körper geschaffen hat. Der gelockte Jüngling, der gelockte Jüngling! Er lässt ihn vor ihren Augen erscheinen. Zeus bildet ihn vorteilhaft ab, mit ausgeprägten Muskeln an den richtigen Stellen. Die Oberschenkel, der Bauch, der Oberkörper, alles ist wohlproportioniert und athletisch.

Der Jüngling lächelt Penelope an. Sie lächelt zurück. Er lächelt verliebt und verzückt und schickt mit diesem Lächeln einen überwältigenden Gefühlsstrom, den die Menschen Liebe nennen.

»Ich liebe dich!«, lässt er den schöngeformten Mund des Jünglings noch einmal sagen.

Penelope traut ihren Augen kaum, sie kann sich an seinem Trugbild fast nicht sattsehen.

Vielleicht hält sie es nur für einen Traum? Denn er ist splitterfasernackt, so wie die athenischen Bildhauer Jünglinge und Athleten gerne darstellen.

»Komm!« haucht Penelope nur als Antwort. »Komm zu mir, auch wenn du nur ein Traum bist!«

Er muss die Gunst des Augenblicks nutzen.

Zeus lässt den Körper des Jünglings fester werden, wirklicher, nicht so verschwommen wie im ersten Moment. Er lächelt weiter. Und er sendet nach wie vor dieses köstliche Gefühl aus, das Liebe heißt und das einen Stein zum Leben erwecken könnte. Penelope öffnet einladend ihre wunderschönen, langen Beine.

Zeus wartet nicht länger. Er fährt in sie hinein, als ob er noch immer der Wind wäre.

Da passiert es.

Die Verwandlung

Kaum sieht sich der Göttervater mit der schönen Penelope vereinigt, verwandelt sie sich – erst langsam, dann immer schneller. Sie verwandelt sich auf eine Art, die in Zeus Entsetzen auslöst.

Zuerst welkt die glatte Haut in ihrem Gesicht, während sie abscheulich grinst. Als sie die farblosen Lippen auseinanderzieht, kommen zwei schwarze Zahnstümpfe zum Vorschein. Um die Augen herum graben sich hässliche Krähenfüße ein, die Augen selbst nehmen eine onyxschwarze Farbe an. Das Haar wirkt grau und fällt dem Weib büschelweise aus. Die Brüste trocknen erst ein, bevor sie an dem faltigen Leib unansehnlich herabhängen. Auf dem Bauch erscheinen verrunzelte, fettige Speckfalten. Dazu beginnt der Körper unangenehm nach verfaulendem Laub zu riechen.

Dann verändert sich nochmals das Gesicht. Zeus fährt zurück. Blitz und Donner! Hera, es ist Hera, seine Gemahlin! Nicht Penelope! Er kennt ihren Gesichtsausdruck.

»Meine ... meine geliebte Gattin!«, lügt er überrascht. »Wie ... wie ...?«, stammelt er, ohne den Satz zu beenden.

Hera antwortet: »Treuloser! Hast du vergessen, dass auch ich mich verwandeln kann ...?«

IV.
Wie der Mensch, die Erde und »Die Welt« einst entstanden

Die Suche

Ehrlicherweise müssen wir zugeben, dass wir nicht wissen, wie der Mensch, die Erde und die Welt einst entstanden sind. Es gibt zahlreiche Mythen, Theorien und Vermutungen, aber selbst die gescheitesten Astrophysiker können nicht zweifelsfrei behaupten, auch nur zu wissen, wie unser Mond entstanden ist, geschweige denn die Erde, das Sonnensystem oder gar eine einzige Galaxis. Wir leben in einer Zeit des vorgetäuschten Wissens und der unbewiesenen Theorien.

Die Wahrheit ist: Wir sind immer noch auf der Suche. Immerhin befinden wir uns mittlerweile auf einem sehr viel höheren Forschungsniveau als noch vor ein paar tausend oder auch nur vor fünfhundert Jahren. Damals mussten wir unbesehen alles glauben, was uns vorgesetzt wurde. Andernfalls hätte unter dem eigenen Allerwertesten ein hübsches, brutzelndes, kleines Feuer entzündet werden können.

Als im 18. und 19. Jahrhundert die Herren Wissenschaftler auf den Plan traten, wurden sie zunächst als Helden gefeiert – nicht immer zu Recht. Heute wissen wir, dass sich zahlreiche Wissenschaftler ungeheuerlicher Vergehen und Fälschungen schuldig machten, nicht wenige gaben den größten Humbug von sich. Zunächst wurden ihre Behauptungen verhältnismäßig unkritisch einfach übernommen, denn das Wörtchen Wissenschaft geriet zum neuen Glaubensbekenntnis und zum Totschlagargument, mit dem man jede gegenteilige Meinung beiseitewischen konnte. Es dauerte fast zwei Jahrhunderte, bis nachdenkliche Geister auf immer mehr Fehler der Wissenschaftler hinwiesen ... die Fehler und Irrtümer sind bis heute kaum noch zu zählen.

Grundsätzlich hatte sich der Zeitgeist gewandelt.

Als Historiker muss man sich fragen: Was war eigentlich passiert?

Das spirituelle und das materialistische Weltbild

Im Allgemeinen spricht man von einem spirituellen Weltbild, wenn man auf den Zeitgeist bis zum 15. Jahrhundert verweist. Ohne hinterfragt zu werden, beherrschte es die Zivilisationen auf der ganzen Welt – auch wenn die verschiedenen Religionen und Glaubensrichtungen unterschiedliche Antworten auf gewisse Fragen gaben. Doch sie bezogen sich gewöhnlich auf nicht so wichtige Details.

Mit anderen Worten: Zwar unterschieden sich Götternamen oder religiöse Praktiken zum Teil beträchtlich voneinander, der prinzipielle Glaube an nichtmaterielle, starke Geister, an Gott oder Götter jedoch nicht. Das Weltbild war von Religion durchtränkt und spirituell.

Dann wurde dieses Weltbild vehement angegriffen und infrage gestellt.

Aus welchem Grund?

Nicht nur Entdeckungen auf geografischem, botanischem, medizinischem oder physikalischem Gebiet lösten eine intellektuelle Revolution aus. Nicht nur die Entdeckung Amerikas, die Erfindung der Dampfmaschine oder die Industrielle Revolution zeichneten dafür verantwortlich, dass ein neues Denken Einzug hielt. Zugegeben: Mechanische und mechanistische Neuerungen ließen andere Blickpunkte zu. Aber entscheidender war der Missbrauch der Religion durch die Priester.

Priester nutzten das spirituelle Wissen der Vergangenheit zum Teil zu ihrem persönlichen Vorteil aus. Integrität blieb auf der Strecke. Manchmal blieb von der ursprünglichen Religion kein Jota mehr übrig. Erinnern wir nur an die furchtbaren Kreuzzüge, die Inquisition, viele schändliche Päpste auf Petris Stuhl sowie an die Macht- und Geldgier zahlreicher Bischöfe. Der Glaube wurde von der Priesterkaste zum Vorteil des eigenen Geldbeutels schändlich missbraucht.

Wir zielen mit diesen Zeilen nicht allein auf das Christentum. Dasselbe lässt sich von den Priestern anderer Religionen behaupten. Erinnern wir nur an die Priesterkaste im alten Indien, an die Brahmanen, die dem Aberglauben ungeheuren Vorschub leisteten; denken wir weiter an ihre Raffgier. Und vergessen wir nicht die größtenteils unnützen Regeln im Judaismus oder die Kriegsideologie des Islam mit seinen ständigen Eroberungszügen. All das trug erheblich dazu bei, die Wertschätzung von Religion an sich gegen Null tendieren zu lassen.

Einst hatte Religion Eltern geholfen, ihre Kinder zu erziehen, die Eintracht der Zwietracht vorzuziehen, »Sünden« zu vermeiden und weder zu stehlen noch zu morden. Viele Priester in allen Herren Ländern nutzten den Glauben jedoch dafür, sich das Geldsäckchen bis an den Rand zu füllen. Damit Hand in Hand ging der Aberglaube. Die Gottesdiener halfen den Menschen nicht mehr, sondern drangsalierten sie. Sie trieben sie in unnütze Kriege oder segneten frömmelnd Kriege ab und dienten sich zweifelhaften Herrschern als Handlanger an. Sie manipulierten Menschen und nahmen sie aus wie Weihnachtsgänse. Priester redeten der Intoleranz das Wort und pressten ganze Völker in Zwangsjacken, vor allem mit ihren Ängsten vor der Hölle und dem Letzten Gericht.

Ehrenwerte, mutige Geister, wie Voltaire in Frankreich, Lessing in Deutschland oder Locke in England, spitzten deshalb ihre Federkiele wie Dolche und schrieben gegen die Entartungen innerhalb der Kirchen und Religionen an.

Und so rückten die Menschen nicht nur aufgrund von Entdeckungen und Erfindungen von dem spirituellen Weltbild ab, sondern auch, weil die Priesterkaste versagte.

Mit einem Mal wollte man all den Märchen und Mythen nicht mehr zuhören, die Religion an sich wurde in Bausch und Bogen verworfen. Die Menschen suchten nach anderen, nach »handfesten« Quellen, um die Wahrheit zu ergründen. Nur, was mit den eigenen Augen wahrgenommen werden konnte, und nur, was sich mit dem eigenen Verstand nachvollziehen ließ, wurde akzeptiert. Offenbar waren die Chemie und die Physik, die Biologie und die Geologie der Wahrheit mehr verpflichtet als die Priesterschaft.

Und so versank das spirituelle Weltbild in der Bedeutungslosigkeit, zumindest in vielen intellektuellen Kreisen. Es wurde geschmäht, verlacht und auf den Abfallhaufen der Geschichte geworfen.

Plötzlich war es wieder möglich, frei zu denken und unvoreingenommen Tatsachen zu untersuchen, ohne durch die Bevormundung der Priester behindert zu werden.

DAS 19. UND 20. JAHRHUNDERT

Es wundert nicht, dass zunächst die ungeheuerlichsten, grandiosesten Entdeckungen gemacht wurden. Der Zeitgeist änderte sich. Die Geschichte mündete ein in ein glänzendes 19. Jahrhundert und ein (anfänglich vielversprechendes) 20. Jahrhundert. Die Eisenbahn, das Flugzeug und das Auto eroberten die Welt. Neue Technologien schossen aus dem Boden. Begeistert entdeckte man jede Menge physikalische und astronomische Gesetze; dieser Prozess ist längst noch nicht abgeschlossen, bei Licht betrachtet hat er gerade erst begonnen. Man setzte auf die Macht der Beobachtung, des eigenständigen Denkens und des Experimentes. Doch da geschah etwas, was niemand vorhergesehen hatte.

Der Niedergang des Materialismus

Das spirituelle Weltbild mitsamt seinen Kirchen und Religionen wurde nicht nur vergessen, es wurde nicht nur geschmäht, sondern zum Teil von neuen Meinungsführern massiv unterdrückt. Denken wir nur an Stalin oder Hitler, die jede Religion auszurotten suchten. Christen und Juden wurden verfolgt, genau wie Vertreter anderer Religionen. Zudem fanden im 20. Jahrhundert die beiden furchtbarsten Kriege statt, die die Welt je gesehen hatte – der Erste und der Zweite Weltkrieg.

Der Erste Weltkrieg (1914–1918) schlug mit rund zehn Millionen Toten zu Buche, der Zweite Weltkrieg (1939–1945) mit rund sechzig Millionen Toten. Die Physik und die Chemie, also der Materialismus, wurden dazu eingesetzt, besser und brutaler, effektiver und schneller zu töten. Nun gab es Maschinengewehre, Bomber und Gaskammern. Man nutzte das ganze Repertoire der Wissenschaften dazu, Menschen auf die barbarischste Weise aus dem Leben zu reißen und in den furchtbarsten Schlachten zu verheizen.

Der Materialismus zeigte sein hässliches Gesicht.

Noch nach dem Zweiten Weltkrieg forderten der Koreakrieg (1950–1953) und der Vietnamkrieg (1955–1975) zusammen rund neun Millionen Tote – beinahe so viel wie der Erste Weltkrieg. Verzichten wir auf die weitere Aufzählung der Kriege ... bis zum Krieg in der Ukraine Der Materialismus gebar ABC-Waffen, die furchtbarsten Massenvernichtungswaffen. Jetzt gab es Atombomben, biologische Waffen und schreckerregende chemische Massentötungs-Mittel. All das wurde durch Wissenschaftler ermöglicht. Durch das materialistische Weltbild ging man barbarischer mit dem Menschengeschlecht um als je zuvor. Die Feder sträubt sich, all die Tötungsorgien noch einmal im Detail wiederzugeben, die allein in unserem »aufgeklärten« 21. Jahrhundert stattfanden.

Die Achillesferse des materialistischen Weltbildes wurde sichtbar: Ethik verfiel, sie schien nicht mehr mit dem Zeitgeist vereinbar zu sein. Begriffe wie Integrität, Ehre, Anstand und Aufrichtigkeit gingen verloren. Mit anderen Worten: Spirituelle Tugenden und Errungenschaften wurden bei dem Aufstand gegen die Religion gleich mit über Bord geworfen.

Man hatte das Kind mit dem Bade ausgeschüttet.

Zunehmend wurde deutlich, wie anfällig Wissenschaft für Lüge, Großsprecherei, Korruption, Autoritätsgläubigkeit, Fälschungen und Irrtümer war. Bis heute jagt hier ein Skandal den anderen.

Wissenschaft mordete bedenkenlos – viel grausamer als zuvor die auswuchernde Religion. Sie tötete in gigantischen Größenordnungen. Unterlagen und Dokumente wurden wilder gefälscht, als es je zuvor Priester getan hatten.

Was nicht in das chemisch-physikalische Weltbild passte, wurde ignoriert, verlacht und schnell beiseitegeschoben.

Umgekehrt betete man nun (inzwischen abgehalfterte) fehlerhafte materialistische Theorien und Philosophien an. Neue Weltbilder entstanden. Zu ihnen gehörten beispielsweise der Kommunismus, der Marxismus, der Maoismus, der Nationalsozialismus, der Darwinismus und der Faschismus; alle stammen sie von dem gleichen Vater ab: dem seelenlosen Materialismus.

Mit welchem Ergebnis?

Hunderte von Millionen Tote.

DIE SPIRITUELLE GEGEN-REVOLUTION

Wie so oft in der Geschichte schlug das Pendel wieder um. Genauer gesagt: Es schlägt zur Zeit wieder um. Vielerorts erinnerte man sich an die geordneten Zustände, die mit der Herrschaft der Religion einhergingen. Mit Entsetzen erkannten einige, dass Religion unverzichtbar für den Menschen ist – für ewige Werte wie beispielsweise Integrität, das seelische Wohlbefinden und Frieden. Religion und generell spirituelle Anschauungen lassen eine höherwertigere, verantwortungsvollere Sicht zu, die weit über dem materialistischen Weltbild steht. Religion bezieht sich stets auf den Geist oder die Seele, das Ich, das Ego, das Atman – oder welcher Vokabel man auch immer den Vorzug geben will. Die entsetzliche Abwertung eines Menschen – wenn er nur als eine mechanische Aufziehpuppe betrachtet wird – ist im Rahmen von richtig verstandener Religion nicht möglich.

Und so verwundert es nicht, dass vor allem in den USA, das auch im 21. Jahrhundert die weltweiten Trends bestimmte und bestimmt, ein regelrechter Aufstand zu beobachten war und ist, der sich in zahlreichen TV-Sendungen niederschlug, in Büchern und Publikationen aller Art, im Internet ohnehin, sowie in riesigen Hollywood-Film-Produktionen. Man denke bloß an *Avatar*. Dieser Filmhit von James Cameron, in dem der Geist einer Person in einen anderen Körper schlüpfen kann, erzielte das beste Einspielergebnis aller Zeiten: drei Milliarden Dollar!

Wie zu lesen ist, sind einige Fortsetzung bereits abgedreht, die Veröffentlichungen werden die Welt bis in die 2030er Jahre in Atem halten.

Im Avatar-Epos wird streng unterschieden zwischen dem Körper und der eigentlichen Seele, die in einem Körper wohnt. Obwohl hochtechnisiert dargestellt, handelt es sich um ein religiöses Konzept, das auf die Veden zurückgeht.

Auch in zahlreichen Comics wurden »übernatürliche« Fähigkeiten wiederbelebt, wie man sie ehedem den alten Göttern zusprach, und zwar in einem beträchtlichen Umfang: Von der X-Men-Serie bis hin zu Spiderman oder Superman, von der Wonder-Woman bis hin zu Captain America oder Iron Man und Thor – überall begegneten und begegnen uns diese Helden, die eher an ein mythisches Zeitalter erinnern als an eine materialistische Ära.

Die Buch-Unterhaltungsindustrie folgte und folgt. Und selbst in Dokumentationsfilmen – besonders im US-TV – fand man immer öfter Berichte, die sich sehr ernsthaft mit extraterrestrischen Lebewesen, mit spirituellen Fähigkeiten, esoterischen Themen und mit religiösen Inhalten auseinandersetzen.

Die Zeichen der Zeit sind unmöglich zu übersehen. Dem primitiven Materialismus wird im Moment eine Absage erteilt, der Zeitgeist ändert sich.

Heutzutage wird immer häufiger ganz ideologiefrei und neu die Frage nach der Herkunft des Menschen gestellt. Es werden neue Theorien aufgestellt, die auf der einen Seite mit den modernen astronomischen Erkenntnissen im Einklang stehen und auf der anderen Seite die uralten mythischen Vorstellungen wiederbeleben.

In diesem Sinne erfahren auch unsere Überlieferungen eine neue Bewertung: Sie werden nicht mehr hochmütig beiseitegeschoben und einfach abgetan. Sie werden mit neuen Augen betrachtet. Zudem befinden wir uns in der komfortablen Situation, die Mythen auf jedem Erdteil überblicken zu können. Und das führt notwendigerweise dazu, auch auf die Gemeinsamkeiten dieser Mythen zu reflektieren.

Das erstaunliche Ergebnis

Betrachten wir die Kulturkreise

- der Juden und Christen,
- der Sumerer,
- der alten Inder,
- der alten Ägypter,
- der alten Griechen,
- weiter die urzeitlichen Mythen der Chinesen,
- der Germanen,
- der Maya und Inka, und auch einige afrikanische Mythen.

Wir stellen erstaunliche Ähnlichkeiten zwischen diesen Mythen fest. Rund um den ganzen Globus, auf praktisch jedem bewohnten Kontinent – in Asien, Europa, Afrika und den beiden Amerikas –, finden sich ähnliche oder gleiche Geschichten.

Dazu gehören unter anderem

- die Sage von einem Paradies oder einem Goldenen Zeitalter,
- die Existenz der Sintflut und der »Fall« des Menschen,
- Berichte über zahlreiche Götter und Halbgötter,
- Berichte über erstaunlich fortgeschrittene, frühere Zivilisationen,
- Erzählungen über außergewöhnliche spirituelle Fähigkeiten, auch der Urzeit-Menschen,
- Berichte über Götter, die sich mit Menschenfrauen einlassen,
- Berichte über Engel, Teufel, Riesen und Dämonen,
- der Kampf zwischen einzelnen Göttern,
- Berichte, die auf Millionen von Jahren zurückliegende Zeitalter abheben,
- Berichte von Gesetzen, die Göttern Menschen gaben,
- Erzählungen und Legenden über die Herkunft des Menschen von den Sternen (Sirius, Plejaden etc.),
- Berichte von Göttern, die in unterschiedlichen Körperformen auftreten konnten (Zeus, Vishnu, Krishna, Bodhisattvas),
- Legenden über extraterrestrische Kontakte und
- die Erschaffung des Menschen aus Lehm oder Erde.

Das Fazit kann also nur lauten: Die Parallelen der Schöpfungsberichte rund um Welt sind mehr als erstaunlich. Es gibt mehr Gemeinsamkeiten als Unterschiede – wie wir immer wieder feststellen konnten.

Es muss also erlaubt sein, darüber nachzudenken, ob Darwins Weltbild tatsächlich stimmig ist. Immer mehr Menschen, Philosophen und Wissenschaftler neigen inzwischen der Meinung zu, Darwin habe schlicht und ergreifend Unrecht. Sie widersprechen der Theorie, dass der Mensch vom Affen abstamme. Sie stellen sogar die Evolutionstheorie an sich infrage, nach der sich aus einem unbelebten Ammoniaksee die kompliziertesten Lebensformen entwickelt haben.

Ein Gegenentwurf ist nötig.

In unseren erfundenen Geschichten haben wir uns bemüht, so einen Gegenentwurf zu entwickeln und mit den Mitteln der Fiktion zu illustrieren, was durch eine non-fiktive Darstellung kaum möglich ist.

Im Grunde brauchen wir ein ganz neues Weltbild.

Die Entstehung der »Welt«

Wir müssen Abschied nehmen von der Vorstellung, dass Materie, Energie, Raum und Zeit übermächtig sind und der Geist völlig nebensächlich ist; schon die Schöpfungsmythen fordern das ein. Aber sie müssen kombiniert und ergänzt werden durch moderne Erkenntnisse, die man ebenfalls nicht beiseitewischen sollte.

Wir brauchen eine zeitgemäße philosophische Grundlage für Planeten und Planetensysteme, ja für ganze Galaxien und das physikalische Universum.

Das neue Weltbild müsste folgendermaßen aussehen: Planeten und Monde wurden vielleicht künstlich geschaffen. Sie sind nicht das zufällige Ergebnis von galaktischen Katastrophen oder Ereignissen. Gehen wir von hochintelligenten, galaktischen Zivilisationen aus, deren Planetenbauer die Geheimnisse der Anziehungskraft, des Magnetismus, der Elektronik und der Elektrizität komplett entschlüsselt haben.

Monde beispielsweise wurden womöglich von speziellen Mond-Ingenieuren entwickelt. Wird über die Entstehung des Mondes spekuliert, kann man auf die Einfangtheorie, Schwesternplanet-Theorie oder Abspaltungstheorie verzichten. Auch die Viele-Monde-Theorie oder die Kollisions-Theorie sind passé. Vielmehr sollte man einen astro-politischen und astro-militärischen Standpunkt einnehmen und nach dem Sinn und Zweck eines Mondes fragen: Vielleicht wurden Monde ehemals als Beobachtungsposten für Planeten genutzt oder als Raumhäfen? Vielleicht entnahm eine Raumfahrtzivilisation aus einem beliebigen Planeten eine angemessene Portion Materie, formte sie zu einer Riesenkugel und brachte sie dann in eine Umlaufbahn um diesen Planeten? Gravitation besorgte dann den Rest. Der springende Punkt ist: Wesen organisieren das, kein anonymes, unpersönliches, physikalisches Gesetz.

In der Theorie könnte man auch »Weltraumgeröll« einsammeln und zu einem Mond zusammenballen; riesige, elektromagnetische Gebilde, ebenfalls künstlich geschaffen, können den weiteren Job erledigen. Darüber hinaus könnte man ebenfalls theoretisch einen »Mond« auch aus der Ferne herbeischaffen, von einem anderen Sonnensystem zum Beispiel.

Da unser Erdenmond in puncto Elemente und Zusammensetzungen anders beschaffen ist als die Erde, liegt die Vermutung nahe, dass zumindest zu einem gewissen Grad künstlich nachgeholfen wurde. Vielleicht wurden bestimmte Elemente von anderen Planeten herbeigeholt, und wahrscheinlich hatten diese neuen Elemente bestimmte chemisch-physikalische Eigenschaften, die für verschiedene, genau definierte Funktionen wichtig waren?

Wenn wir den Erdenmond heute ansehen, blicken wir vielleicht auf ein Überbleibsel eines alten galaktischen, politischen Systems.

Was auch immer der Wahrheit entspricht: Die Welt (= das Universum) mit all ihren Planeten und Galaxien wurde von zahlreichen weit fortgeschrittenen Wesen aus der Nichtexistenz in die Existenz gerufen.

Und wie stünde es um die Erschaffung des Menschen, ja um den Menschen überhaupt?

Die Menschwerdung – eine neue Theorie

Wir wissen inzwischen mit unumstößlicher Gewissheit: Die Erde ist nur ein unwichtiger Planet am Rand einer vielleicht nicht einmal besonders bedeutsamen Galaxis. In unserem Universum existieren rund fünfzig Milliarden Galaxien – warum sollte ausgerechnet unsere Galaxie einzigartig sein?

Ferner wissen wir: Eine Galaxis enthält bis zu mehrere Dutzend Milliarden Sterne. Unsere Galaxie, die Milchstraße, umfasst rund zweihundert Milliarden Sterne. Unsere Sonne ist nur ein vergleichsweise unwichtiger Stern in unserer Milchstraße, sie ist nicht einmal besonders groß – im Vergleich zu anderen Sonnen. Dieser Stern, unsere Sonne, umkreist das Zentrum des Milchstraßensystems in einem Abstand von rund 27 000 Lichtjahren. Wir befinden uns recht weit vom Zentrum entfernt.

Was bedeutet das alles?

Kurz gesagt Folgendes: Weder unsere Galaxis noch unsere Sonne, geschweige denn die Erde oder der Mensch, stehen im Mittelpunkt des Universums.

Infolgedessen müssen wir endgültig von dem Gedanken Abschied nehmen, dass der Mensch das Zentrum der Welt oder das Maß aller Dinge ist, ganz wie wir uns einst von der Vorstellung verabschieden mussten, dass die Sonne um die Erde kreist.

Und wie entstand der Mensch auf dieser unserer unwichtigen Erde?

Möglicherweise gab es schon auf anderen Planeten menschenähnliche Vorformen, wir wissen es nicht.

Wahrscheinlich wurde ehedem künstlich eine Menschen-Matrix geschaffen, wie bei allen anderen Tierformen auch. Bio-Ingenieure und Techniker schufen, in enger Zusammenarbeit mit Künstlern, Malern und Bildhauern, schließlich diesen Menschenkörper.

Raumfahrtzivilisationen, technisch weit höher entwickelt als wir es uns vorstellen können, erfanden den ersten Menschen. Hunderte, vielleicht tausende von Ingenieuren verbesserten die ursprünglichen Exemplare, bis sie lebensfähig waren. In den Mythen und Sagen werden diese Ingenieure/Erfinder als Götter bezeichnet, unter denen man sich die Führungspersönlichkeiten alter Raumfahrtzivilisationen vorstellen könnte.

Die Einzelteile eines Menschenkörpers lassen sich leicht begreifen, wenn man in den Kategorien des Raumfahrtzeitalters denkt, in dem besonders die Überlebensfähigkeit einer Konstruktion und die Gravitation eine Rolle spielen. Der menschliche Körper ist eine Kohlenstoff-Wasserstoff-Maschine, die nur in einem sehr engen Temperaturbereich optimal operiert.

Alle Teile des Menschenkörpers haben bestimmte Funktionen: Der Verdauungstrakt, der im Mund beginnt, nimmt die Nahrung auf, die dem menschlichen Körper Energie zuführt, und scheidet später unnötige Bestandteile wieder aus dem Körper aus. Der Fortpflanzungsapparat stellt sicher, dass ein menschlicher Körper neue Körper herstellen kann. Lunge und Atemwege sind notwendig, damit Körper auf einem Planeten, der von einer Atmosphäre umgeben ist, genügend Luft bekommen. Das Blut und der Blutkreislauf sind ebenfalls Überlebensmechanismen. Nerven dienen der Kontrolle eines menschlichen Körpers. Füße müssen auf bestimmte Art geformt sein, damit sie der Gravitation standhalten. Die Augen verschaffen einen (sehr begrenzten) Eindruck der Wirklichkeit, denn sie erfassen nur einen kleinen Teil des optischen Spektrums. Das Gehör und die anderen Sinne sind ebenfalls Begrenzungen unterworfen.

Ein Menschenkörper an sich ist zahlreichen realen Hindernissen gegenüber unterlegen, denen der Geist, der einen Körper lenkt und okkupiert, nicht notwendigerweise und nicht immer unterworfen ist, es sei denn, er identifiziert sich völlig mit einem Körper.

Organe, Arme und Beine und so fort können ebenfalls willkürlich geschaffen oder ersetzt werden, auf künstliche Weise, also durch bestimmte biologisch-mechanische Prozesse. Jedes Organ hat seine Bestimmung, die Beine dienen der Fortbewegung.

Die Besiedlung der Erde

Aus uns heute noch unbekannten Gründen wurde die Erde mit zahlreichen Tier- und Menschenkörpern besiedelt. Die entsprechende Umgebung, zu der Wasser, Pflanzen und verschiedene chemische Bestandteile gehören, wurde ebenfalls künstlich hergestellt, so wie heutzutage in einem Film Filmkulissen jeder Art künstlich hergerichtet werden.

Zu einem bestimmten, uns ebenfalls noch nicht bekannten Zeitpunkt, der viele Millionen (oder Milliarden, vielleicht Billionen) Jahre zurückliegen muss, machten sich eine oder mehrere Weltraumrassen daran, die Erde mit immer mehr Tier- und Menschenkörpern zu besiedeln.

All das entstand nicht aus dem Nichts – im Gegenteil: Es waren ein immenses biologisches und technisches Know-how sowie enormer Aufwand nötig, um diesen »Schöpfungsakt« zu vollziehen.

Ursprünglich gab es mehrere, bevorzugte Besiedlungs-Orte. Um das Überleben der Menschen zu sichern, wurden mit Bedacht verschiedene Orte, Länder oder Landmassen ausgewählt. Zu ihnen zählten China, Indien, Ägypten, Iran/Irak, Europa, Mittel- und Südamerika, Afrika, Mu und Atlantis.

Natürlich sahen in grauen Vorzeiten die Landmassen in geologischer Hinsicht anders aus als heute und besaßen andere Namen, von Mu und Atlantis vielleicht abgesehen.

Jedenfalls wurden an mehreren Punkten oder Orten menschliche Zivilisationen ins Leben gerufen, wahrscheinlich von einer uralten galaktischen Großmacht, die die Raumfahrt beherrschte und deren Vertreter die Menschen als Götter betrachteten.

Die Menschen gaben bestimmte Mythen und Erzählungen über diese frühen Zeiten unter sich weiter, die sich in vielen Punkten erstaunlich ähneln. Diese Überlieferungen wurden erst mündlich, dann schriftlich weitergegeben.

Diese Völker oder frühen Zivilisationen erlebten zunächst alle ein Goldenes Zeitalter oder ein Paradiesisches Zeitalter, denn das Leben war perfekt geregelt.

Die ersten Menschen – eine seltsame Mischung aus Gott und Tier – waren sowohl in spiritueller als auch in technologischer Hinsicht dem heutigen Menschen weit überlegen. Und das Leben war bunt, vielfältig und aufregend. In diesen Frühzivilisationen existierten Engel, Teufel, Dämonen, tierische Monster, Götter, Halbgötter, Riesen, Zwerge und alle möglichen Arten von Ungeheuern, zu denen auch Drachen und andere geflügelte Wesen gehörten.

Die Götter, also die regierende und bestimmende Raumfahrer-Rasse, ließ sich im Laufe der Zeit mit Menschenfrauen ein. Menschen und Götter vermischten sich, es entstand ein neues Geschlecht.

Da viele Mythen von sich bekriegenden Göttern sprechen, bekriegten sich vermutlich entweder verschiedene Raum-Rassen untereinander oder es brach innerhalb der herrschenden Raum-Rasse ein Krieg aus. Die frühere Ordnung wurde gestört.

Menschen schlugen sich in diesem Krieg auf die eine oder die andere Seite.

Die Götter/Raumfahrer versuchten, durch ebenfalls künstlich herbeigeführte Naturkatastrophen das alte Ordnungsgefüge wiederherzustellen.

Nur wenige Menschen überlebten, ein Neuanfang war notwendig.

Neue Zeitalter dämmerten herauf. Viele Götter waren inzwischen herabgestiegen zu einer menschenähnlichen Daseinsform.

Nicht immer verlief das Zusammenleben von Göttern und Menschen harmonisch.

Der Mensch an sich vergaß seine Vergangenheit, sie lebte nur in Mythen weiter.

Endgültiges Fazit

So oder so ähnlich kann man sich die Urzeiten vorstellen, wobei der Zeitraum kaum seriös mit Zahlen beschrieben werden kann; mit Sicherheit sprechen wir jedoch von Perioden, die Millionen von Jahren zurückliegen, wahrscheinlich Hunderte von Millionen von Jahren, vielleicht bewegen wir uns auch in Größenordnungen von Milliarden und Billionen von Jahren.

In den Details unterschieden sich all die Kämpfe und Kriege zwischen Göttern und Menschen (und Menschen und Menschen), aber DASS furchtbare Machtkämpfe stattfanden, scheint festzustehen. Die Kriege wurden im Nachhinein von Dichtern ausgeschmückt, sodass am Ende nur »Legenden« übrigblieben.

Dieses Bild überliefern uns jedenfalls all die Sagen, Mythen und Legenden, die manchmal auch rudimentär in Märchen weiterlebten – den uralten Volkssagen, in denen vermutlich auch mehr als ein Körnchen Wahrheit steckt. Spätere Autoren wandelten sie um in Lehrstücke für Kinder, um ein bestimmtes pädagogisches Ergebnis zu erzielen.

Wir sollten Mythen also höher achten als bisher. Wir sollten zumindest bereit sein, verschiedene Theorien über die Urzeit zuzulassen. Nur weil etwas nicht der momentanen Realität von einigen zweifelhaften Wissenschaftlern entspricht, heißt das noch lange nicht, dass einst nicht ganz andere Wirklichkeiten existierten.

LITERATURVERZEICHNIS

Urgeschichte

1 Viele Beispiele für diese Fälschungen wurden zusammengetragen bei Frank Fabian: Die größten Fälschungen der Geschichte, München, 2023⁵; Frank Fabian: Para-Historie, München, 2023 und auch in zahlreichen Fachartikeln wurde darauf aufmerksam gemacht
2 Vgl. die ausgezeichnete Recherche von Hans-Joachim Zillmer: Die Evolutions-Lüge, München, 2003 sowie Michael A. Cremo, Richard L. Thompson: Verbotene Archäologie, Rottenburg, 2012⁴

Ägypten und andere Kulturen

3 Vgl. diese und andere Fakten: Will Durant: Das Vermächtnis des Ostens, Band I, Lausanne, ohne Jahresangabe, S. 185 ff; vgl. weiter S. 189, S. 201, S. 212 und S. 256.
4 Stephen Mitchell (Hrsg.): Gilgamesch, München, 2006, S. 163 ff sowie S. 152 und S. 81 ff
5 1. Mose 3. Es gibt zahlreiche unterschiedliche Übersetzungen der Schöpfungsgeschichte, und es existieren Tausende von unterschiedlichen Bibeln. Allein im Internet finden sich mehrere Variationen, hier und überall ist zitiert nach Bibel, Luther 1912. www.bibel-online.net
6 Siehe verschiedene Einträge bei Wikipedia. Vgl. auch Dieter Arnold: Lexikon der ägyptischen Baukunst, Düsseldorf, 2000, S. 164
7 Stichwort Manetho. Vgl. auch William G. Waddell: Manetho, Nachdruck Cambridge (Mass.), 2004
8 Siehe History Channel, USA, Bericht vom 20. Januar 2023

Tod einer Wissenschaft

9 Vgl. Michael A. Cremo und Richard L. Thompson: Verbotene Archäologie, Rottenburg, 2012⁴, S. 933 ff
10 In Search of Time, In: The Free Press, New York, 1999, S. 126 f
11 Siehe Hans-Joachim Zillmer: Die Evolutions-Lüge, München, 2010
12 Vgl. S. Ashton Zuckerman, C. E. Oxnard und andere: The Concepts of Human Evolution, London, ohne Jahresangabe, S. 71–165, sowie andere Publikationen dieser beiden Autoren
13 Zillmer: a. a. O., S. 295
14 Charles Darwin: Über die Abstammung des Menschen, 1875, S. 174
15 Zitiert nach Thomas Röder: Die Männer hinter Hitler, Malters, 1984, S. 33, Originalzitat: Charles Darwin, Die Abstammung des Menschen, Stuttgart 1871, S. 146

Bibel (1)

16 Bibel, Luther 1912, 1. Mose. www.bibel-online.net
17 Siehe Stephen Mitchell (Hrsg.): Gilgamesch, a. a. O., S. 163 ff
18 Vgl. www.litauen.info/volkskunst-traditionen/religion-und-mythologie/schoepfungsmythen
19 Siehe Koran, Sure 32:8 ff
20 Vgl. Terra Mater Magazin, *diese Information erschien erstmals im Terra Mater Magazin 4/2021.*
21 *Newton-Zitate siehe* https://beruhmte-zitate.de/autoren/isaac-newton/zitate-uber-gott
22 Siehe Stephen Mitchell (Hrsg.): Gilgamesch, a. a. O., S. 81 ff
23 Gilgamesch-Epos, S. 152
24 Gilgamesch-Epos. S. 188
25 Gilgamesch-Epos, S. 189

Bibel (2)

26 Ausführliche Darstellungen dieses Umstandes finden sich in Frank Fabian: Die größten Fälschungen der Geschichte, München, 2023, S. 19 ff
27 Vgl. Günter Vittmann, zum Thema ägyptisches Sprachgut im Alten Testament, In: Orientalische Literaturzeitung, 2021, S. 275–288

Hinduismus

28 Zitiert nach und inspiriert von: Ich-Magazin, 2023/4
29 Siehe Die Upanishaden, München, 2008³, verschiedene Seiten, z. B. Brihadaranyaka-Upanischad, S. 51ff

Mahabharata

30 Vgl. Frank Fabian: Die größten Fälschungen der Geschichte, München, 2022⁴
31 Siehe Swami Sri Yuktesvar Giri, The Holy Science, Calcutta, 1894
32 Vgl. Heinrich Robert Zimmer: Indische Mythen und Symbole, München, 2000⁷, S. 18 ff
33 Die Bhagavadgita, ohne Ortsangabe, 2020, S. 14 f, Zitat aus dem zweiten Gesang
34 Die Bhagavadgita, a. a. O., S. 18, S. 55 und S. 65
35 Die Bhagavadgita, a. a. O., S. 67, S. 71 und S. 72
36 Die Bhagavadgita, a. a. O., S. 23, S. 41 f, S. 43 f, S. 45
37 Mahabharata, Buch 1, 2. Aus den englischen Versionen von Kisari Mohan Ganguli und Manmatha Nath Dutt, 2018, www.mahabharata.pushpak.de
38 Siehe Anneliese und Peter Keilhauer: Die Bildsprache des Hinduismus, Köln, 1986

Die Veden

39 Zum Alter der Veden siehe Jan Gonda: Die Religionen Indiens, Band 1: Veda und der ältere Hinduismus, Stuttgart, 1978 sowie Hermann Oldenberg: Die Religionen des Veda, Stuttgart, 1917
40 Paul Deussen: Sechzig Upanishads des Veda, Leipzig, 1897, S. 70.
41 Siehe weiter die Nrsimha-Uttara-Tapaniya Upanishad, IV sowie Paul Deussen: Upanishaden, die Geheimlehre des Veda, Wiesbaden, 2007
42 Svetasvetar-Upanishad, VI. 11
43 Siehe Mundaka-Upanishad, III. 1.1
Vgl. Weiter Will Durant: Das Vermächtnis des Ostens, Lausanne, ohne Jahresangabe, S. 163 ff

Ägypten

44 Vgl. das Ägyptische Totenbuch, verschiedene Editionen
45 Siehe Frank Fabian: Geheimschriften, München, 2023
46 Vgl. Frank Fabian: Das geheime Leben von Jesus Christus, München, 2023
47 Vgl. Frank Fabian: Die größten Fälschungen der Geschichte, München, 2023
48 Bibel, Luther 1912, Joh. 1, 1–4. www.bibel-online.net

Griechenland

49 Hesiods Werke, übersetzt von Johann Heinrich Voß, Tübingen, 1911, S. 91
50 Siehe Hesiods Werke, a. a. O., S. 7
51 Hesiod, a. a. O., S. 101
52 Hesiod, a. a. O., S. 174
53 Vgl. die Übersetzung der Edda nach Arnulf Krause. Vgl. weiter Andreas Heuser: Die altgermanische Dichtung, Berlin, 1923
54 Vgl. Frank Fabian: Para-Historie, München 2023
55 Vgl. Die Edda, Herausgeber Walter Hansen, Daun, 200 814, S. 14
56 Edda/Hansen, a. a. O., S. 18
57 Edda/Hansen, a. a. O., S. 17

China

58 Siehe Astrid Zimmermann und Andreas Gruschke: Als das Weltenei zerbrach, München-Kreuzlingen, 2008

Andere Mythen

59 Zitiert nach: Frank Fabian: Para-Historie, München, 2023
60 Auszug aus: Frank Fabian: Para-Historie, München, 2023
61 Siehe Hermann Baumann: Schöpfung und Urzeit des Menschen im Mythos der afrikanischen Völker, Berlin, 1936

ZUM AUTOR

Frank Fabian studierte Germanistik, Geschichte und Philosophie an den Universitäten Würzburg und Frankfurt. Nach seinem Staatsexamen arbeitete er als Fernsehjournalist für das ZDF und erstellte rund 200 Filmbeiträge. Fabian ist insgesamt in neun Ländern publiziert und mit bislang 25 (Geschichts-)Büchern Bestsellerautor.

Einige Erfolgstitel:
- Die größten Lügen der Geschichte
- Die geheim gehaltene Geschichte Deutschlands
- Die mächtigsten Geheimbünde
- Fake News
- Geheimschriften

Kontakt: frankfabian11@yahoo.com

Jede konstruktive E-Mail wird vom Autor persönlich beantwortet.